AF250812

LE CHEVAL

LE CHEVAL

ÉTUDES

SUR

LES ALLURES, L'EXTÉRIEUR

ET LES

PROPORTIONS DU CHEVAL

ANALYSE DE TABLEAUX

Représentant des Animaux

DÉDIÉ AUX ARTISTES

PAR

E. DUHOUSSET

(Lieutenant-Colonel)

PARIS

CHASLES, LIBRAIRE-EXPERT

15, RUE BONAPARTE, 15

ET AU MONITEUR DE L'ÉLEVAGE DU CHEVAL DE SERVICE

11, RUE DE CHATEAUDUN, PARIS

1874

AVANT-PROPOS

Ayant été chargé depuis plusieurs années, par un journal spécial, de rendre compte, au point de vue critique, des tableaux qui, dans les dernières expositions, représentaient des chevaux, j'eus souvent l'occasion de déplorer, parlant à des artistes consciencieux, l'insouciance avec laquelle on mettait en scène les animaux, en négligeant complétement de tenir compte des règles les plus élémentaires de leur locomotion et des proportions dans les limites desquelles ils doivent vivre, ainsi que des connaissances statiques en dehors desquelles il est impossible de les animer.

Frappé, depuis longtemps, de cette grande lacune, dans un enseignement aussi utile, pour reproduire exactement la forme et rendre juste le mouvement, mes observations se concentrèrent sur les différentes races de chevaux et particulièrement sur le cheval arabe. Je fus servi à souhait par les circonstances qui me firent passer en Orient, où l'on peut dire que l'on vit à cheval, nombre d'années d'une existence très active.

J'ai profité, pour faire appel à mes souvenirs, des loisirs forcés d'une assez longue captivité en Allemagne.

Je dois dire que, là, toutes les facilités me furent offertes pour augmenter mes observations et mes études sur les chevaux : visites instructives des haras, recherches dans les collections anatomiques, renseignements des directeurs et professeurs des écoles vétérinaires du Wurtemberg et de la Bavière, j'ai pu utiliser ainsi mon triste séjour de Stuttgard à l'avantage des documents qui devaient servir de base au travail commencé depuis longtemps.

Je parlai de mon projet à des professeurs de l'École des Beaux-Arts et à différents artistes de talent.

Je vais transcrire ici deux lettres qui répondirent à l'exposition de mon travail, ainsi qu'à mes observations sur l'étude du cheval. L'une est du peintre Gérôme, et l'autre du statuaire Guillaume, directeur de l'École des Beaux-Arts.

Mon cher Colonel,

Pour propager un enseignement utile et rigoureusement exact, il ne suffit pas de l'énoncer, il faut l'écrire.

Après avoir beaucoup voyagé, beaucoup vu et beaucoup observé, je crois que vous rendrez un véritable service aux artistes. si vous voulez bien réunir, dans une publication écrite pour eux, le résumé des connaissances spéciales que vous possédez sur les allures, les habitudes et l'extérieur du cheval.

J'ai été souvent à même d'apprécier ce côté pratique de vos remarques, ainsi que la justesse de vos observations sur les reproductions hippiques des derniers Salons. Je ne me fais pas illusion sur l'aridité de l'œuvre que je vous conseille. avec la nécessité d'y joindre de nombreux croquis explicatifs ; mais je sais à qui je m'adresse : vous ne reculerez pas devant un travail consciencieux, entrepris dans un but utile, et dont tous ceux qui s'occupent de l'étude du cheval vous seront reconnaissants.

Votre très dévoué ami,

J.-L. Gérôme.

Mon cher Colonel,

Nous nous sommes si souvent entretenus de vos études sur les chevaux, et vos observations m'ont toujours paru si justes et d'une utilité si grande pour les artistes, que je serais charmé de vous les voir publier. C'est ce à quoi je ne saurais trop vous encourager, persuadé, par le fruit que j'ai tiré de vos travaux, du profit que d'autres en tireront comme moi.

Au point de vue de l'enseignement, qui est le sujet principal de mes préoccupations, je serais heureux de voir se produire un ouvrage destiné à combattre l'empirisme qui règne encore d'une manière presque complète dans la branche importante des études qui a le cheval pour objet.

Je ne suis pas de l'opinion de ceux qui croient que l'on doive, dans les arts du dessin, se contenter de l'apparence. Sans doute, dans la matière délicate des allures, par exemple, le vrai peut ne pas toujours être vraisemblable : c'est à l'homme de goût à s'arrêter à propos. Mais on peut affirmer que c'est dans la vérité que se trouvent, en général, les conditions de la vraisemblance absolue.

Courage donc : croyez à mes sympathies et à mon sentiment affectueux.

Eugène Guillaume.

C'est encouragé par des hommes d'une compétence aussi reconnue, que je commence aujourd'hui la publication de mes Notes.

Et, dans l'espoir d'être utile aux artistes, je suis heureux de leur dédier cet opuscule.

E. Duhousset.

ÉTUDES

SUR

LES ALLURES, L'EXTÉRIEUR

ET

LES PROPORTIONS DU CHEVAL

I

Celui qui s'occupe d'art ne doit jamais évoquer dans l'esprit du spectateur un souvenir dont il demeure responsable comme inexactitude.

Si j'ai pu, après une longue suite d'observations sur les chevaux, donner aux artistes quelques renseignements utiles, ayant affronté l'aridité d'un travail mathématique en mesurant un très grand nombre de ces animaux, en Asie et en Afrique, où ils vivent le plus conformément à leur nature, j'affirme qu'une mensuration n'est jamais strictement applicable, pas plus qu'un mouvement parfaitement régulier ne se reproduit d'une façon suivie; je suis donc loin de conseiller la construction mathématique du cheval. Mon seul but est de prémunir les artistes contre la mobilisation insensée des membres et les dislocations fantastiques, nuisant à la vitalité et à l'action, que l'habitude ne cesse d'imposer aux animaux, comme traduction des allures les plus simples; je n'ignore pas qu'il est plus facile de reproduire, sans contrôle, une attitude défectueuse, admise depuis longtemps par la routine; mais, aujourd'hui, pour le cheval, on a fait beaucoup de progrès et, toute composition le représentant depuis la station la plus calme jusqu'à la vitesse poussée à l'extrême, est un accessoire dont la fonction mécanique exige l'exactitude ; en un mot, il faut que l'animal soit *vivant* avant d'être *animé ;* rien de mieux, une fois la chose admise, que de dompter cette vie extérieure, pour rendre l'expression de la pensée par une animation intelligente.

Pourquoi n'étudie-t-on pas aussi bien les mouvements des animaux que ceux des hommes, non dans l'atelier, ils ne s'y prêtent pas, mais en se rendant compte des lois qui les régissent, afin d'agir avec toute franchise et de mériter la confiance que le spectateur a dans le signataire de l'œuvre.

Un écuyer habile, un professeur instruit, M. Raabe, a plusieurs fois fait des cours publics qui ne laissaient rien ignorer aux peintres et aux sculpteurs désirant s'instruire ; il est à regretter que ces enseignements spéciaux ne se popularisent pas davantage.

En exigeant la connaissance des muscles et des attitudes naturelles des animaux, je ne prétends pas qu'il faille dessiner une myologie apparente des bœufs au pâturage et des chevaux au labour, non plus que faire des écorchés pour nous montrer les carrossiers et les chevaux du turf. Ces écorchés et ces dessins anatomiques ne représentent jamais que la mort, la masse inerte, et c'est l'animal vivant qu'il nous faut, sans la pédanterie d'une recherche exagérée ni l'étalage d'une fausse science. Il est juste, cependant, que le public exige une étude assez sérieuse de ce qu'on lui présente, et ne doive pas, à notre époque, se contenter de bêtes inventées de toutes pièces, telle raphaélesque qu'en soit la reproduction.

Loin de moi l'idée d'exiger du peintre la crudité du naturaliste ni un trop sérieux examen du cheval sur place ; l'étude approfondie et trop rigoureuse des aplombs n'est que l'immobilité dans une station forcée. Le peintre peut en disposer avec esprit pour la vérité du mouvement, sans que le besoin de satisfaire son imagination l'entraîne à des négligences inacceptables en modifiant trop la forme.

On ne trouve pas tous les types dans la nature ; c'est alors que la pensée apporte sa modification en idéalisant le modèle ; l'animal ne posant pas l'expression désirée par l'artiste, il doit donc composer ce mouvement d'après une impression fugitive que l'analyse doit reconstruire fidèlement s'il est instruit, avec énergie et chaleur s'il est savant dans son art ; car il animera alors son sujet, le rendra beau, élégant, et sa composition sera pittoresque, tout en restant dans le vrai. Mais, pour travailler avec fruit, il faut la connaissance intime du sujet comme exécution matérielle ; n'y apportez jamais la moindre lenteur ; l'hésitation de ce côté est une fatigue qui alourdit et perd le premier jet ; pensez longtemps à votre composition, traduisez vite pratiquement.

L'artiste doit donc être instruit, rompu aux contours des formes et connaître intimement les détails, pour que le souvenir évoqué trouve sa place ; c'est de toute nécessité, afin que, dans une composition, ce soit bien l'ensemble et l'idée mère qui prédominent.

Si vous avez étudié avec soin, n'ayez aucune préoccupation des détails quand vous esquissez, la mémoire traduira bien, et le doute, qui vous gênait dans le cas contraire, cessera bientôt pour donner à votre crayon la hardiesse de faire juste tout en ayant du style, c'est-à-dire, allant très franchement de la forme à l'idée. D'où je conclus que, pour l'artiste, le *vrai* est la conséquence de l'étude constante du modèle vivant. L'*art* est d'utiliser cette étude, impérieusement exigée, avant d'animer d'une façon pittoresque le modèle, suivant l'impression traduite par les sens et l'instinct de l'animal.

A propos du cheval, il est très difficile d'interpréter les phases du mouvement, telle connaissance que l'on ait de l'extérieur du sujet à reproduire.

Qu'on me permette de raconter un petit épisode, déjà ancien, qui se rapporte à ce qui nous occupe : Je rencontrai, chez Horace Vernet, un riche amateur s'extasiant sur sa facilité à reproduire juste et si rapidement les allures des chevaux, et l'artiste, sous ces compliments, de donner satisfaction à son hôte, en couvrant, comme par enchantement, une toile des mouvements les plus désordonnés de la race chevaline : la course, le cabrer, la ruade. Le fusain actif de Vernet animait tout ; et, quand l'étranger se fut retiré, ébahi d'une pareille fécondité : « J'ai fait mon métier, me dit Vernet en roulant sa cigarette, mais je me suis bien gardé de faire rentrer d'un pas tranquille tous ces animaux que je venais de lancer à fond de train pour le satisfaire ; il aurait peut-être saisi l'hésitation que j'éprouve devant la simplicité d'une allure calme, mon œil s'y perd; je crois cependant, ajouta-t-il, avoir amélioré la reproduction depuis mon père. »

Je me suis toujours souvenu de ce sentiment d'hésitation du grand artiste, qui avait toutes les hardiesses en peinture.

Pour que les contours des détails soient exacts, il faut connaître la place des os, celle des muscles de l'extérieur, ainsi que leur insertion, et avoir étudié les formes de ces muscles pendant le *repos*, le *soutien* et l'*appui*. C'est surtout sur ces différentes périodes du mouvement que nous nous étendrons dans le cours de ce travail, ayant remarqué depuis longtemps cette grande lacune dans l'instruction artistique de notre époque. Il faut à toute force que la cause du réalisme hippique que nous préconisons ait de nombreux adeptes ; nous croyons trouver un encouragement dans les tendances à faire juste qui s'accusaient dans les tableaux des dernières expositions.

Les peintres modernes suivirent pendant longtemps une routine dont on se contentait par habitude. Aujourd'hui, cela ne suffit plus ; on désire apprendre, et nous sommes heureux de constater un véritable progrès. Déjà le spectateur s'étonne moins et considère avec intérêt des attitudes auxquelles son œil était peu familier jusqu'à présent : je veux parler de la forme et des allures calmes des animaux, qu'on doit forcer le public à accepter dans leur exactitude, et non comme une particularité appréciée de peu de personnes. Il faut que là-dessus le vrai se fasse jour et s'impose à tous, sans crainte de blesser la routine.

Beaucoup de jeunes peintres paraissent entrer dans cette voie pour présenter le cheval, à la suite des efforts entrepris dans le but de faire vrai, depuis plusieurs années, par Meissonier, Gérôme, Lewis-Brown, Cuvelier, etc., etc. Nous en avons aujourd'hui la preuve, on constate plus d'étude des proportions et des formes modifiées par le mouvement ; espérons que cette cause est appelée à faire de rapides progrès, malgré ceux qui résistent à ce qu'ils appellent trop légèrement *innover*.

Innover dans l'art, c'est attirer sur soi les reproches de la foule que grossit le nombre des détracteurs, souvent plus spirituels qu'instruits, ou combattant avec la seule force d'inertie de leur ignorance se basant sur d'anciens errements. C'est là ce que nous ne cesserons d'attaquer, et nous pouvons d'autant mieux le faire que nous avons dans nos rangs des peintres d'une célébrité justement reconnue, qui répondront de nos difficultés d'observateur, en raison de la fatigue qu'eux-mêmes éprouvèrent, pour se soumettre à l'attention soutenue dont le résumé de nos expériences fait foi.

Qu'il me suffise, pour affirmer le besoin des connaissances que je viens d'énumérer, d'en appeler aux études consciencieuses et persistantes d'une autorité artistique qui a porté à sa dernière limite le désir de faire vrai : j'ai nommé Meissonier. Que de travaux, que d'ébauches, que de temps précieux, que de fatigues, pour traduire fidèlement le cheval animé ! Meissonier a mis son expérience artistique de côté pour redevenir élève ; sa palette infatigable photographiait, pour ainsi dire, chaque mouvement, chaque période, afin de composer un tout dont le résumé a été les allures calmes du remarquable tableau de 1814. La représentation du cheval y est d'un mérite assez reconnu pour en conseiller l'étude aux artistes qui veulent faire rigoureusement vrai.

Est-ce innover de dire que l'art n'embellit la nature imitée, qu'autant que l'artiste possède parfaitement en lui-même toutes les connaissances nécessaires pour rectifier et rendre en beauté à sa copie ce que le modèle a de défectueux? Certainement non, cela fut souvent écrit par des hommes spéciaux du siècle dernier. Il est vrai qu'au point de vue des allures du cheval, ce langage était très peu écouté et que les anciens se négligèrent beaucoup sous ce rapport; tout en donnant à l'animal représenté dans un tableau l'importance de la tache, ils ne le regardaient que comme un accessoire peu étudié; cependant nous trouvons dans les temps anciens la représentation naïve des allures comme je voudrais qu'on les reproduisît aujourd'hui. Raphaël, qu'il n'est certes pas opportun de citer pour la représentation des animaux, après le spécimen qu'il nous offre dans son tableau de leur création, peint dans les loges du Vatican, a, dans ces mêmes loges, un peu plus loin, un Jacob à âne, partant avec sa famille pour le pays de Laban ; la monture de ce patriarche est au pas et ses membres sont assez correctement à l'appui diagonal gauche.

Winkelmann ne disait-il pas, en parlant du cheval, à propos de l'art chez les Grecs, livre IV, chapitre IV : « Je répé- « terai, à cette occasion, l'observation que j'ai faite ailleurs, « savoir : que les anciens artistes n'étaient pas plus d'accord sur « le mouvement progressif des chevaux, c'est-à-dire sur la

« manière de lever et de porter les pieds en avant, que ne le
« sont quelques auteurs modernes qui ont traité ce sujet. Il
« y en a qui prétendent que les chevaux lèvent les deux
« jambes de chaque côté en même temps; telle est l'allure des
« quatre chevaux antiques de Venise, des chevaux de Castor et
« de Pollux du Capitole, de ceux de Nonius Balbus et de son
« fils, à Portici. D'autres sont persuadés que les chevaux se
« meuvent en ligne diagonale ou en forme de croix; qu'après
« avoir levé le pied droit de devant, ils lèvent le pied gauche
« de derrière, ce qui est fondé sur l'expérience et sur les lois
« de la mécanique. C'est ainsi que lèvent les pieds le cheval
« de Marc-Aurèle, les quatre chevaux de son char sur le bas-
« relief du Capitole, ainsi que ceux de Titus, sur l'Arc qui
« porte le nom de cet empereur. » Je pourrais citer encore, à
la suite de ce qu'écrit Winkelmann, l'exemple de beaucoup de
productions artistiques, dont j'ai constaté la naïveté véridique
dans les différents musées étrangers, surtout à Florence,
Pise, Rome, etc., etc.

Winkelmann était aussi hésitant que les autres; il se trompa
dans la citation des quatre chevaux de Venise, qui indiquent
parfaitement l'appui diagonal, quoique le pied levé soit un peu
trop en avance sur celui qui le suit diagonalement.

Pour combattre le doute de cet auteur érudit et résoudre la
question, je ferai suivre ce qui précède de quelques recom-
mandations. Lorsque l'artiste représentera deux pieds en l'air
du même côté, il les fera très rapprochés l'un de l'autre, car
cela ne peut se voir que lorsque le pied postérieur, tendant à se
mettre dans la trace de l'antérieur du même côté, est sur le
point d'arriver à son but en se mettant sur sa foulée; c'est
l'instant très court pendant lequel tout le poids du cheval repose
sur le bipède latéral opposé à celui qui est en l'air.

Nous venons de parler de l'appui sur la base latérale, qui
est formé par les deux pieds à terre du même côté; toutes les
fois qu'on dessinera ces deux pieds à l'appui, il faudra qu'ils
soient éloignés l'un de l'autre de la longueur d'un pas complet;
si maintenant nous passons à la base diagonale, les deux pieds
qui la constituent par leur appui sont rapprochés de la demi-
longueur du pas et les pieds en l'air éloignés l'un de l'autre.

Pour le sculpteur, les ressources sont bien moindres que
pour le dessinateur et le peintre; l'artiste, n'ayant ni ciel, ni

terrain à sa disposition, doit s'appliquer encore plus rigoureusement à la traduction d'un mouvement qui se laisse regarder sans fatigue, tout en étant franchement traduit et
limité. Stéréotyper une action violente au milieu de son parcours, c'est l'immobiliser ; le peintre tourne cette difficulté sans
nuire à l'idée que le spectateur doit se faire de l'action, but
du sujet représenté, en ayant soin de n'indiquer le grand
mouvement que par un contour ni trop noir ni trop arrêté.
Le talent est de trouver, sans trop l'affirmer, la ligne qui in-
téresse et fixe dans l'air l'acte à accomplir en en laissant de
viner plus.

En m'efforçant de décrire le cheval dans ce qu'il a de rigoureusement vrai, pour en mettre l'étude à la portée des artistes
consciencieux, je ne me dissimule pas combien ce travail est
aride. Une fois la chose reconnue utile, je me range, pour l'exécution, du côté de ceux qui émettent ce principe que, dans la
nature, il n'y a rien d'absolu ni de complet.

En effet, l'*absolu* trouvant sa plus grande satisfaction dans
la géométrie, les mathématiques et la photographie, il serait
absurde de regarder cela comme l'idéal, et tout aussi ridicule
d'affirmer qu'un animal ne diffère en rien de son congénère.

On en a la preuve dans la dissemblance entre les œuvres de
plusieurs peintres, essayant de reproduire le même sujet. Il
n'y a de nouveau, dans ces observations que je soumets au
public, que la persistance avec laquelle j'ai cherché à trouver
l'appréciation utile aux dessinateurs, qu'on peut tirer des
traités spéciaux, écrits depuis un siècle sur la locomotion du
cheval, livres d'une compréhension pénible, peu lus des
savants et jamais par les artistes.

Celui qui devait le plus contribuer à répandre la lumière sur
cette question difficile, c'est assurément le capitaine Raabe ;
car, possédant une grande expérience du cheval et des qualités
exceptionnelles de dresseur, après avoir scrupuleusement décrit
les allures et discuté avec ses prédécesseurs, il est le premier
qui appliqua publiquement dans un manége cet enseignement
pratique. Je renvoie donc à son remarquable travail sur la
haute école d'équitation, tous ceux qui voudront approfondir
scientifiquement ce sujet.

ALLURES

Il serait peut-être utile de commencer cette étude par l'inspection des caractères qui constituent ordinairement la force et
l'énergie chez le cheval, la beauté des formes indiquant les
moyens qu'il peut développer, ainsi que l'analyse de la tête,
du tronc et des membres. Nous préférons, tout d'abord, nous
rendre compte de l'animal en mouvement, en un mot, décrire
ses différents modes de locomotion, dont les particularités de
succession et d'ensemble constituent les *allures ;* elles sont au
nombre de trois, dites naturelles : le pas, le trot, le galop, et pour
ainsi dire les seules ayant pour but la progression en avant

Dans la progression, la vitesse du jeu des membres est d'autant plus grande que l'équilibre est plus instable ; c'est pour
cette raison que le *pas* est l'allure la plus lente, la masse du
corps se trouvant supportée par deux membres tenant au sol,
soit diagonalement, soit latéralement.

Dans le *trot*, l'effort du bipède diagonal chasse le corps et
le fait quitter terre.

Enfin, dans le *galop*, le corps, soutenu d'abord par un seul
pied, l'est ensuite par deux et finit par être projeté en l'air par
un dernier appel du pied sur lequel le cheval galope.

La masse du cheval est élevée sur quatre supports articulés
qui la soutiennent et la font mouvoir ; la myologie enseigne
que les muscles la font fléchir et s'étendre pour soutenir et
appuyer.

On appelle *soutien*, l'action de la jambe soulevée et portée,
par une direction quelconque, en avant, en arrière et de côté.

L'*appui* se dit de l'effort de la jambe sur le sol en quelque
sens que ce soit, le membre se mouvant autour du sabot fixe
sur sa pression.

La progression a surtout lieu sur les appuis qui établissent
les bases diagonales, ils sont les plus rapprochés du centre de
gravité.

La position d'écartement des bases latérales ne s'équilibrant pas avec le centre de gravité, la durée de celles-ci est peu perceptible à l'œil, tandis que la base diagonale étant au-dessous offre de la solidité et paraît durer plus longtemps.

II

LE PAS

Au pas, le cheval lève et pose ses pieds alternativement dans l'ordre suivant : Je suppose que l'animal soit en marche et lève la jambe gauche de devant, la jambe droite de derrière opposée diagonalement la suit à un léger intervalle, vient ensuite la jambe droite de devant, enfin la jambe gauche de derrière; il y a quatre temps qui font entendre quatre battues, l'allure est calme et basse. Le cheval ne quittant pas le sol, elle est dite *marchée* et *diagonale*, en ce sens qu'on saisit mieux les appuis diagonaux que ceux latéraux.

L'empreinte des deux pieds d'un même côté répond précisément au milieu de l'espace qui sépare les empreintes successives des deux autres.

Les membres du cheval le soutiennent et l'appuient successivement. Nous allons étudier en détail l'ordre dans lequel les oppositions s'opèrent.

La *progression* d'un membre contient trois périodes :

Lever, soutien, poser.

Au *lever*, le pied de devant quitte le terrain et le membre est fléchi en arrière. Il se prépare ainsi à répondre à l'impulsion qui va lui être transmise.

Au *soutien*, il est en l'air, et son dessous se maintient d'abord vertical, puis la pince se relève légèrement en fléchissant en avant, et le pied baisse les talons pour arriver obliquement à plat au poser.

La pince, dans la courbe qu'elle décrit, s'élève rarement au-dessus du boulet du pied voisin fixé à terre. Le pas ainsi effectué, le membre arrive à l'*appui* et suit, par trois périodes, la progression de son voisin, dont nous venons d'expliquer l'évolution ; nous dirons du membre posé, qu'il est au commencement, au milieu, à la fin de l'appui, c'est-à-dire le sabot fixé au sol et le membre incliné d'abord en arrière, puis vertical, et enfin penché en avant. Tel est le *pas complet* du bipède antérieur.

Le bipède postérieur suit les mêmes périodes et franchit le même espace pendant le même temps, les membres abdominaux opérant, en principe, leurs foulées sur les traces des pieds de devant.

Nous venons de supposer l'animal en action, cherchons-en la force motrice, et disons tout d'abord que l'impulsion vient du membre postérieur, sa plus grande résistance se produisant quand il est au milieu de son appui. En effet, le membre, en se redressant avec le jarret, oppose des forces musculaires qui tendent à éloigner ses deux extrémités : l'une se heurtant au terrain dont la rigidité lui sert de point d'appui, le corps seul offre de la résistance à l'autre qui agit de bas en haut et projette la masse en avant par une transmission directe du bassin, lié invariablement à la colonne vertébrale. Le centre de gravité se trouve aussitôt déplacé, le corps, projeté en hauteur et en avant, voit la réaction de ce mouvement atténuée par la souplesse de l'attache des membres antérieurs, parfaitement organisés comme suspension élastique terminant des colonnes droites.

Nous avons parlé de la direction, qui est diagonale ; nous dirons comme durée que, dans le pas, trois pieds posent à terre un temps très minime ; ce contact avec le sol peut constituer les sommets d'un triangle isocèle dont l'espace entre les bipèdes latéraux serait la base ; celle-ci équivaudrait au pas complet. La hauteur de ce triangle est très petite et tend à se réduire tout à fait à mesure que l'allure s'accélère.

Il nous reste maintenant à parler de l'espace parcouru, c'est-à-dire à fixer la longueur du pas complet d'un cheval. Je crois qu'il est très difficile de l'évaluer exactement ; on a essayé de le faire en indiquant mathématiquement un rapport avec sa taille, du garrot à terre, supposition très autorisée, surtout quand on a affaire au cheval oriental, inscrit dans un carré ; mais, au point de vue artistique, on est libre de choisir le cheval long, puisqu'il existe, qu'il est plus gracieux et fait paraître la tête plus légère.

Le résultat de mes expériences me fait préférer de tirer un

enseignement de la longueur de la pointe de l'épaule à celle de la fesse, qui, pour les chevaux anglais et normands, diffère légèrement de celle des chevaux arabes et barbes, qui sont aussi hauts que longs.

Il est très important, cependant, d'indiquer aux artistes la limite d'écartement qu'ils donneront aux membres latéraux. Des observations faites pendant trois années de suite, en Normandie, m'autorisent à engager le dessinateur à ne jamais faire le pas complet plus grand que deux têtes et deux tiers, c'est-à-dire dépassant de très peu la longueur de l'animal, ou même égal à cette longueur.

Je consignerai encore quelques observations à propos du pas. Quand le lever du membre antérieur est trop lent, son fer se trouve heurté par la pince du pied postérieur, arrivant au poser, et produit un bruit désagréable qu'on appelle *forger*.

Un cheval peut encore s'*atteindre* lorsque le canon, ne prolongeant pas en ligne droite le radius, fait avec celui-ci un angle qui se ferme en dedans et rapproche les deux pieds de devant de l'animal; quand l'angle est inversement placé, les pieds perdent du temps à décrire une courbe en dehors ; dans ce cas, il *billarde*.

Avec les rayons supérieurs courts, un cheval fait le pas petit, mais *relevé* ; quand il souffre de l'épaule, il le fait très bas et décrit une courbe en dehors, cela s'appelle *faucher*. On dit qu'un membre *rase le tapis* quand, les rayons supérieurs étant longs, les sabots s'élèvent très peu au-dessus du sol, font le pas allongé et sont sujets à butter. Avoir du *tride* se dit d'un animal dont le mouvement est franc et rapide. *Trousser*, c'est relever fortement les extremités. Cette animation en hauteur est au détriment de la vitesse et use la force en pure perte pour la locomotion ; c'est l'opposé de raser le tapis, dont le défaut, porté à l'extrême, fait butter et s'abattre. Dans l'amble, le corps n'étant supporté que latéralement, exige que le côté au soutien arrive promptement à l'appui; la progression s'opère donc vivement et les pieds très près de terre, c'est-à-dire rasant le tapis. Un cheval se *berce*, lorsque son corps fléchit latéralement à chaque pas, pendant la progression, d'une façon d'autant plus sensible qu'il est fort de poitrine et de croupe et que les foulées se trouvent écartées du plan médian, par paires.

Chez les chevaux d'une constitution grêle, le bercement indique la fatigue des articulations et peut avoir pour cause la faiblesse et l'âge.

Nous croyons utile de placer ici une remarque sur la forme laissée par le contour extérieur de la paroi dans les empreintes ou foulées d'un cheval qui n'a jamais été ferré : la trace du pied de devant est circulaire en pince, celle de derrière forme un angle arrondi qui s'inscrit intérieurement à la première figure.

La masse se mobilise d'autant plus facilement que l'appui servant à la projection offre moins de points de contact à la résistance. La forme légèrement pointue du sabot postérieur réunit ces conditions et obéit à la détente de l'arrière-main, d'où vient la force d'impulsion produite, comme nous l'avons dit, par le bassin et les articulations des membres qui s'y insèrent. Le corps la transmet au moyen de la colonne vertébrale, l'avant-main l'adoucit par le mode de suspension de ses membres et la forme arrondie des pieds de devant ; la tête complète la machine en lui servant de gouvernail et constitue, avec l'encolure, un levier puissant que des mains habiles savent faire obéir à leur gré.

III

LE TROT

Le *trot* se compose de deux périodes : l'*appui* et la *projection*. Le cheval entame cette allure par un bipède diagonal : c'est-à-dire que les pieds opposés diagonalement se lèvent en même temps se soutiennent et viennent ensemble à l'appui pour résister et projeter ce bipède en avant; tandis que les autres jambes libres, ayant gagné de l'espace dans la direction, arrivent à leur tour sur le sol pour y supporter le corps et lui imprimer un nouveau mouvement.

C'est cette période de projection, pendant laquelle les quatre pieds ont quitté terre, que choisissent ordinairement les dessinateurs pour représenter le cheval au *trot*, chaque bipède n'attendant pas, pour se lever, que l'autre se pose. Dans ce cas, on se permettra, sans erreur, d'éloigner un peu les jambes du sol et d'allonger les membres en précipitant l'allure, puisqu'en augmentant la vitesse, l'expérience a prouvé que la *projection* durait plus que l'*appui*. C'est le contraire au petit trot.

Presque tous les artistes commettent la faute de représenter cette allure du trot raccourci, lorsqu'ils veulent faire un cheval au pas.

J'indiquerai une expérience bien simple pour constater les positions des pieds dans les allures calmes.

Un cheval au *trot* montre à l'observateur, placé derrière lui, les pieds diagonalement opposés se levant en même temps et ayant au *soutien* des mouvements semblables, ce qui s'accuse à l'œil par le parallélisme des deux fers, qu'on voit verticaux pendant tout ce parcours; tandis que, au *pas*, le pied de derrière de la base diagonale étant toujours en retard d'une période, lorsqu'on aperçoit le fer vertical du pied de devant au *soutien*, celui du pied de derrière, encore au lever, fait avec la pince du premier un angle demi-droit, et, quand ce fer devient vertical, le pied de devant abaisse les talons pour aller gagner le sol obliquement.

Quoique la constatation du déplacement des membres du cheval soit très difficile à préciser à première vue, nous croyons pouvoir indiquer, comme atteignant ce but, le moyen que nous allons expliquer. L'observateur qui regarde marcher un cheval saisit beaucoup mieux l'instant du lever que celui du poser. Si ce même observateur monte le cheval, il percevra, sans même être très impressionnable, le *poser des pieds de devant*. En combinant ces deux observations, le cavalier se rendra parfaitement compte du jeu des membres, s'il fait marcher le cheval lentement, au pas et au soleil, en choisissant une heure convenable, soit sur une route, soit près d'un mur; car la silhouette de l'animal projetant une ombre égale à sa hauteur, dessinera parfaitement pour les yeux l'évolution du membre postérieur et constatera le retard de ce pied opposé à l'antérieur, dont le cavalier perçoit la foulée.

C'est avec intention que nous avons souligné le *poser des pieds de devant*, en disant qu'on pouvait le percevoir; il ne faudrait pas conclure de là qu'on peut aussi saisir celui des pieds de derrière, ceci est expliqué par le dire de Baucher, qui ne cessait de combattre, comme erronée, l'opinion de ceux qui prétendent sentir le mouvement des extrémités postérieures à l'allure du pas et qui savent, disent-ils, en profiter pour faire partir le cheval sur le pied droit ou le pied gauche, à leur volonté. Les difficultés de l'équitation sont déjà en assez grand nombre, même avec la connaissance exacte des moyens les plus naturels, sans qu'on les augmente par des données impraticables.

Au *trot*, les battues sont régulièrement espacées, les quatre pieds n'en accusent que deux, chaque bipède diagonal, arrivant ensemble, constitue une seule battue.

Le *trot* est la meilleure allure pour gagner du terrain et soutenir une longue course.

L'équilibre prenant assez de stabilité sur les bases diagonales successives, le mouvement donne moins de fatigue au cheval et passe entièrement à l'avantage de sa progression.

Dans le grand trot, le cou et la tête s'allongent, la queue se détache de la croupe.

Un cheval bien conformé, sur un terrain horizontal, devrait placer le pied de derrière sur la trace de celui de devant, dans le trot; de nombreuses observations me firent constater que la pratique de cette allure, quoique assez vive, amenait généralement une foulée du membre postérieur se marquant en arrière du membre antérieur; c'est le plus ou moins de différence dans ce sens qui constitue le *petit trot*, toujours motivé par une trop lourde charge, un terrain ascendant et l'excès de fatigue.

Dans le *grand trot*, les foulées des membres postérieurs précèdent celles de devant; on peut obtenir ainsi une vitesse égale à celle du galop et parcourir un très grand espace. Les Anglais nomment cette allure le *trot volant*, dans lequel les battues sont inégales et le trot devient décousu.

IV

LE GALOP

J'ai entendu souvent faire l'objection que toute allure vive et relevée échappait à l'analyse, parce qu'elle était trop difficile à constater ; mais je crois en trouver l'explication dans la facilité à reproduire, sans contrôle, une attitude défectueuse, admise depuis longtemps par routine ; on peut toujours essayer de s'en rendre compte. Aucune allure n'offre plus de liberté à l'artiste que celle du galop ; nous n'en dirons donc que ce qui sera nécessaire pour régler un peu ce vagabondage et donner une certaine limite à ce désordre.

Il y a trois sortes de galops :

Ordinaire, rassemblé, de course.

Dans le galop *ordinaire*, ou à trois temps, le cheval s'enlève des membres antérieurs et se projette en avant par la détente des jarrets ; les membres postérieurs s'engagent sous la masse.

Le cheval est dit galoper *à droite*, lorsque la jambe droite de devant laisse l'empreinte de sa foulée en avant de sa voisine de gauche. Si le contraire a lieu, il est dit galoper *à gauche*.

Au galop en trois temps et à droite, le cheval redresse le cou et la tête pour alléger son avant-main, qu'il soulève en commençant par lever le membre gauche ; celui-ci reste légèrement fléchi, pendant que le droit s'étend, afin d'entamer l'espace en avant.

La masse est mise en mouvement par les membres postérieurs engagés sous le centre de gravité ; dans le cas qui nous occupe, c'est la jambe gauche de derrière qui arrive d'abord à terre et y fait entendre la première battue. La seconde est frappée par sa voisine et le pied gauche de devant, qui portent ensemble (base diagonale gauche), enfin, la troisième est marquée par le pied droit, sur lequel le cheval galope, celui-ci fait ressort, et le corps ainsi projeté en avant entre en suspension pour recommencer trois nouvelles foulées.

La première battue du pas suivant est faite par le membre postérieur gauche ; la foulée, pour le galop rapide, se marque bien en avant de la dernière trace du pied antérieur droit, dont l'effort a déterminé la suspension des quatre membres : moins cet effort est grand et plus les battues se rapprochent.

Dans le *petit galop*, le pied de derrière gagne très peu de terrain, et arrive à se placer en arrière de son opposé diagonalement, qui a déterminé le côté de l'allure.

Dans le galop à *quatre temps*, le cheval, rassemblé, allégé du devant au détriment de la croupe, a un travail plus relevé ; les membres font entendre quatre battues et gagnent peu de terrain. L'allure est raccourcie, c'est le résultat d'un dressage.

La *course* se compose de bonds, dans lesquels la succession des foulées, sous la masse, s'opère très rapidement et presque simultanément par paires. On peut se rendre compte de l'espace parcouru en consultant les empreintes sur le sol, lesquelles ne sont jamais sur la même perpendiculaire à la trace du plan médian du cheval.

J'ai dit que les pieds tombaient presque en même temps par paires, mais chacun précède son voisin du côté sur lequel se dessine l'allure. Les membres ne marquant que deux battues, un peu traînées, semblent rebondir sur leurs foulées, et la masse entre en suspension.

Plus la détente a été vigoureuse et plus le pas de galop de course s'allongera, surtout si le corps a été projeté horizontalement.

L'ancien terme usité de *ventre-à-terre*, pour rendre le paroxysme du développement de cette allure, exprime d'une façon très juste l'acte de détente, quand les membres sont très allongés en sens inverse ; car, dans cette position, le cheval est le plus près du sol ; c'est donc une erreur, en le représentant ainsi, de l'isoler trop du terrain, ce qui l'éloignerait du point de résistance vers lequel il tend à rebondir.

Nous conseillerons, pour s'en convaincre, la constatation que peuvent faire deux cavaliers avec des chevaux de même taille : si l'un reste en place pendant que l'autre le dépasse au trot, celui-ci paraîtra sensiblement plus petit, c'est-à-dire plus voisin du sol, et si l'expérience recommence avec le galop, plus cette allure sera accélérée, et plus cavalier et cheval diminueront de hauteur par rapport à l'observateur stationnaire.

Cette observation, de laquelle on a peu tenu compte, date cependant de longtemps, car on lit dans Léonard de Vinci (chapitre CCLXVIII : Des animaux à quatre pieds, et comment ils marchent) « ... Le plus haut du corps des animaux à quatre « pieds reçoit plus de variété en ceux qui cheminent qu'en « ceux qui demeurent arrêtés, et ce plus ou moins, selon que « ces animaux sont plus grands ou plus petits, et cela provient « de l'obliquité des jambes qui touchent à terre, lesquelles « haussent la figure de l'animal quand elles quittent leur « obliquité, et qu'elles posent perpendiculairement sur la « terre. »

Quoique nous ne demandions pas la représentation de toutes les périodes successives des allures de grande vitesse, nous devons cependant expliquer le temps qui précède celui où le corps du cheval est le plus allongé. Des deux temps de la course, celui de la préparation à la détente s'opère ainsi : Les membres antérieurs viennent de partir et sont tous les deux fléchis en arrière, pendant que les postérieurs tendent à les remplacer et même à marquer leurs foulées beaucoup en avant de celles que laissent les premiers.

Le dos du cheval est voussé, la croupe s'engage fortement sous lui, le cou est tendu en avant et la queue détachée; notre avis est que la reproduction de cette pose peu gracieuse doit être évitée; elle paraît forcée, et cependant elle est vraie.

Dans le galop ordinaire, celui à trois temps ou de chasse, expression plus ralentie en rase campagne, les pistes des deux membres voisins ne sont jamais parallèles par paires, ainsi qu'on le représentait anciennement; on ne doit donc pas dessiner les membres antérieurs à la même flexion, avec un angle très ouvert ayant son sommet au poitrail et terminé par des pieds qui divergent à une hauteur égale du sol; car, si on examine la trace que ceux-ci laissent sur le sable ou sur la terre légèrement humide, on verra que ces pieds convergent réellement, puisque plus l'allure est vive et plus les foulées tendent à se rapprocher, dans leur succession, de l'intersection du plan médian de l'animal avec le terrain. Quand la tête et le cou du cheval se portent en avant, pour que les naseaux, le larynx et les poumons soient en rapport immédiat, c'est le paroxysme de la course, dans lequel l'extrémité des sabots, telle soit la détente des membres, ne dépasse jamais le bout des lèvres, lorsque le cou, ayant atteint sa plus grande extension, se trouve prolongé en ligne droite par la tête.

Un auteur anglais, cité par Gayot, spécifie bien le grand galop de course en deux temps, en disant que le cheval lève ses pieds de terre juste à la hauteur voulue pour éviter les obstacles, il fléchit son dos et ses lombes, puis les étend, lance ses membres en avant comme des traits, et progresse par succession d'élans que le cheval de pur sang est le seul à pouvoir exécuter. Cette rapidité est la conséquence de la longueur de son corps, de son encolure, de son dos et de ses reins, de son épaule, de son avant-bras, de ses cuisses et de ses paturons. Le seul cheval conformé ainsi exécutera des performances sur le turf.

Dans le siècle dernier et même de nos jours, nombre de scènes militaires et de tableaux de chasse ne représentent le galop qu'avec des pistes parallèles et le bipède postérieur pressant, par les deux pinces, d'un effort égal pour le départ au galop.

Ce que nous avons démontré être une fausse interprétation de l'animal en mouvement.

V

AIRS DE MANÉGE. — MODIFICATIONS DES ALLURES

Nous nous sommes occupés de ce qui pousse l'animal en avant, dans une direction voulue, sans exclure la possibilité de l'animer, de lui donner de la grâce, de le rassembler en cadençant l'allure et de porter le centre de gravité en arrière. Dans ce dernier cas, l'impulsion des jarrets soulève la masse au lieu de la pousser, ce qui s'obtient en rouant le cou et en amenant la tête dans la position verticale; le piaffer et la galopade en sont la preuve et fournissent à peu près, jusqu'à présent, les seules poses des statues équestres. Ces modifications aux allures naturelles sont généralement exactes et choisies, parce qu'elles donnent plus d'animation au sujet.

Le *piaffer* a les appuis du trot, avec les avant-bras plus haut et les pieds plus loin terre; il se fait sur place.

La *galopade* est un galop très raccourci en quatre temps, qu'on arrive à faire sans gagner de terrain.

Il faut, comme conséquence de ces deux airs bas dessiner les rayons supérieurs courts; car si l'avant-bras est long, le genou étant plus près de terre, tout est à l'avantage de la progression; dans ce cas, ce membre, disposé à raser le sol, gagne beaucoup en avant; tel est le cheval de course. La disposition contraire a lieu dans ce qui nous occupe et convient surtout à la parade et au manége; si, avec l'avant-bras court, le jarret est coudé et les paturons long-jointés, on obtient tout le brillant et l'agréable qu'on désire, l'entier développement des forces musculaires s'usant en hauteur.

Je ne m'occuperai pas des allures défectueuses, qui sont l'amble et ses dérivés, le *pas relevé*, l'entrepas ou *traquenard*; non plus que de l'*aubin* ou amble rompu, dans lequel le cheval, généralement ruiné, galope du devant et trotte du derrière.

Je ferai cependant remarquer que, dans l'amble, chaque bipède latéral a ses deux membres au lever et au poser ensemble. Cette allure est très vive, son équilibre étant très instable, et très basse, parce que l'animal n'a pas le temps de lever ses jambes; il rase le tapis, est sujet aux faux pas et a besoin d'un terrain uni; c'est donc une faute contre nature d'éloigner de terre, comme au trot et au piaffer, les membres d'un bipède latéral, surtout quand l'animal est chargé.

Le *reculer* s'opère en quatre temps et diagonalement; il y a toujours un seul pied au *soutien* pour trois à l'*appui*; il se fait rarement en ligne droite et demande une grande force dans les reins et les jarrets pour satisfaire aux efforts que réitère le cheval, en voussant le dos, et prenant son point d'appui sur la croupe, pour accomplir un acte qui intervertit le jeu habituel des membres. Beaucoup de chevaux faibles des reins et des jarrets, ou ensellés, s'y refusent, se défendent ou se dérobent, en se jetant de côté.

Le cheval se *cabre* pour attaquer et se défendre; c'est une action sur place, position forcée qui devient dangereuse, surtout si l'animal en use pour se défaire de son cavalier. Dans ce cas, il lui arrive souvent de ne pas assez calculer son élan et de se renverser ou de se verser de côté. Pour se cabrer, le cheval tend à rejeter le centre de gravité sur l'arrière-main ; dans ce but, il redresse vivement la tête et l'encolure, en même temps qu'il assujettit solidement ses membres inférieurs sous la masse et s'enlève du devant. Les chevaux arabes et les hunters sont généralement vigoureux et se cabrent facilement ; aussi sautent-ils sans difficulté.

La *ruade* est, comme le cabrer, une défense pour le cheval ; il s'y prépare d'instinct et la subordonne à sa nature ; c'est une vive détente des membres postérieurs, le premier effort enlève la croupe, le second cherche un appui dans la résistance qu'il veut combattre. Ce déplacement violent, nécessairement très court, a besoin de s'aider du devant de l'animal en allégeant son arrière-main, ce qui se fait en amenant le centre de gravité en avant. Le cheval rapproche son encolure du poitrail en l'allongeant et abaissant la tête, il charge ainsi l'avant-main, et tout le corps est supporté par les membres antérieurs, pendant que le dos et les reins, en s'enlevant, facilitent la détente des membres de derrière, qui lancent la ruade ; c'est une des ruses que la monture emploie pour se débarrasser de son cavalier. On empêche un cheval de ruer en lui maintenant la tête haute.

Le *saut* peut être fait de pied ferme, mais il s'exécute généralement pendant le galop. Le cheval rencontre un obstacle en hauteur et, sans ralentir sensiblement l'allure, il le franchit avec vigueur et continue sa course. Que s'est-il passé ? Un peu avant d'arriver, l'animal a apprécié l'acte qu'on lui demande — nous parlons d'une bête énergique ; — ses oreilles et ses yeux ont pour ainsi dire parlé ; il se prépare, comme nous l'avons dit pour le cabrer, en fléchissant sur les jarrets en raison de l'élan que nécessitera l'obstacle pour projeter la masse en hauteur et en avant. S'il s'agit d'un petit fossé ou d'un ruisseau ras de terre, le déplacement se fera par un saut presque horizontal, avec la tête basse et la détente près du sol.

Dans les scènes de chasse, l'artiste fait franchir des obstacles ; dans ce cas, au moment où le cheval s'enlève, il faut que le cavalier ait le corps penché en avant, la main un peu haute et les jambes près. L'obstacle une fois franchi, il reprend l'assiette en se renversant légèrement en arrière lorsque le cheval allonge les jambes et la tête pour recevoir la masse et toucher terre. Pendant ce déplacement, et à partir de la détente de l'arrière-main, l'animal conserve les membres antérieurs fléchis près de la poitrine et rapprochés du plan médian, les membres postérieurs ferment l'angle du jarret et les sabots se rejoignent presque ; on commet généralement l'erreur d'écarter ceux-ci, en les plaçant parallèlement et faisant diverger les membres de devant au moment où ils s'é-tendent pour retomber ; en consultant les foulées laissées à terre, on se convaincra aisément de l'impossibilité de la direction écartée qu'on a l'habitude de donner aux jambes.

J'appuie ces observations de planches qui représentent ce que je viens d'expliquer.

VI

CHEVAL DE TRAIT

J'ai parlé des allures, et je me suis surtout occupé du cheval de selle ; je veux maintenant dire quelques mots du cheval attelé, en commençant par le plus rustique, celui qui figure souvent dans les scènes de la campagne et les travaux de la ferme.

Quand on représente un attelage, il faut que l'animal semble faire le meilleur usage de la force qu'on lui demande.

Le cheval qui tire agit non-seulement par sa force musculaire, mais aussi par son poids. L'expression de *donner dans le collier* rend exactement l'action de faire usage de tout son effort pour entraîner le collier ou le pousser. Le cheval de trait, de halage, etc., doit avoir une poitrine spacieuse, qui contienne à l'aise les organes de la respiration, sous la protection de côtes solidement arrondies qui, élargissant le poitrail en écartant les membres antérieurs, leur donne une base solide et un appui vigoureux.

Les contractions musculaires sont sollicitées, il est vrai, par des cordes moins longues, parce que le garrot est plus bas et la poitrine moins haute (côtes moins longues) ; mais l'épais-

seur des couches musculaires gagne en force et en résistance
ce qu'elle retire à la vitesse ; et, comme il s'agit du cheval de
trait, c'est-à-dire d'efforts soutenus pour vaincre une résistance,
c'est presque exclusivement à l'allure calme qu'on représente
ces sortes de gros chevaux, généralement rustiques ; on leur
donnera des muscles apparents, un robuste cou sur lequel
s'implante une forte tête, un chanfrein étoffé, les ganaches
écartées, les naseaux ouverts et une grosse gorge, le coffre
cylindrique, les reins courts, les fesses rondes et bien musclées, les membres écartés, bas, larges et poilus.

J'ai parlé du *cheval de halage* ; pour lui, il se présente un
cas particulier de traction : le bateau étant sur une surface unie
qui oppose toujours la même résistance, une fois la première
impulsion donnée, l'effort est toujours le même ; c'est dans ce
cas que l'allure doit être la plus calme et la plus régulière, car
elle n'est accidentée que par les obstacles que peut rencontrer
la corde sur les berges, et, généralement, le chemin de halage
ne répond à son usage que lorsqu'il est aussi plat que possible.

Le modèle du *cheval de trait léger* est le percheron ; il peut
trotter tout en tirant une voiture chargée et de l'artillerie. Le
cheval de gros trait est celui du Boulonnais.

Nous avons demandé au cheval précédent l'emploi de toute
sa force, sans exiger autre chose qu'une allure généralement
lente. Le carrossier ou cheval de voiture est le trait d'union
entre le précédent et le cheval de selle, qu'il remplace même
souvent, quoique ayant un peu plus de taille ; sa traction est
allégée par le poids bien combiné de la voiture, traînée sur
des routes planes et bien entretenues. On a demandé plus de
vitesse et plus de légèreté à l'allure du *carrossier*, celui-ci doit
cependant être robuste et grand, avec le cou nerveux bien
développé. Il peut avoir l'épaule peu inclinée pourvu qu'elle
soit longue. On exige encore de la vivacité et de la douceur.
Nous avons en France de très beaux carrossiers normands ; ils
égalent les produits anglais, qui sont cependant très recherchés
pour les grands attelages.

Le cheval de *chasse* et celui de *guerre* sont ceux qu'on a le
plus d'occasions de placer dans les tableaux.

Le *cheval de guerre* a son type dans les chevaux barbes et
arabes. Tout le monde en connaît les formes vigoureuses
quoique bien suivies, la souplesse et la sobriété.

Le *cheval de chasse* est surtout un cheval anglais, qui est dit de demi-sang ; c'est le produit d'une bonne poulinière ayant du sang, du gros et des membres solides avec un pur sang donnant le fond et la vigueur au produit, qui, par sa mère, est robuste, a les muscles plus arrondis, les os plus gros, les canons moins courts que son père, ainsi que les membres plus résistants pour des terrains coupés et accidentés. Tel est le *hunter*, le type du cheval de chasse, tandis que l'étalon de pur sang est le vrai *cheval de course*. Son corps, généralement allongé, avec une épaule oblique, manque de souplesse ; ayant les rayons supérieurs longs, il est peu conformé pour le saut et pour les voltes ; destiné surtout à agir en ligne droite, il rase le tapis et se contente d'ouvrir grandement ses compas en fléchissant très peu les articulations.

VII

EXTÉRIEUR

Je ne voudrais pas augmenter les difficultés qu'il y a de s'entendre sur la qualification de *beau*, donnée au cheval, et j'inscris l'opinion suivante, selon Rigot : « Une machine animée ne doit paraître belle qu'autant que, par l'inspection de ses caractères extérieurs, on peut juger, *a priori*, des bons effets qu'elle est capable de produire. C'est donc la vigueur, la force et l'énergie qui doivent constituer le beau ; » cela serait d'accord avec l'appréciation qui signale que, tous les jours, les connaisseurs les plus experts et les marchands eux-mêmes y sont pris ; ils admirent un cheval d'un beau modèle et ne trouvent chez lui, en l'essayant, ni moyens, ni fond, ni allures : en un mot, rien de bon ; c'est ce qu'ils appellent un beau voleur.

Terminons cette remarque en nous appuyant sur l'autorité de Bouley : « Dans les corps vivants, dit-il, il existe un moteur, un principe d'action appelé *influx nerveux*, variant en intensité suivant les individus, qui produit dans la machine la plus défectueuse, d'après les lois physiques, les effets les

plus inattendus, témoin ces chevaux qui n'ont que de l'âme,
suivant l'expression vulgaire. A voir leur habitude extérieure
avec ces muscles grêles, l'encolure mince, les hanches sail-
lantes, les côtes que l'on peut compter sous la peau, les flancs
et le ventre retroussés, on serait tenté de les prendre pour de
mauvais chevaux; mais qu'on examine leur tête, l'expression
de leurs yeux, la position des oreilles, la dilatation des narines,
leur facies, en un mot, et on verra que tout décèle l'énergie;
en effet, lorsqu'ils sont en action, ils déjouent tous les calculs
que l'on a pu faire d'après l'inspection de leur conformation. »

Notre but est de nous occuper surtout de ce qui parle à l'œil
comme extérieur. Il n'est pas absolument nécessaire qu'un
peintre qui s'occupe de chevaux soit connaisseur dans toute
l'acception du mot, ce qui ne peut être que le résultat de l'expérience et de l'observation de ceux qui ont beaucoup pratiqué
les chevaux dans un but utile; l'usage apprend les qualités,
les défauts, le tempérament et les ressources qu'on peut tirer
de l'animal. Somme toute, la beauté du cheval dépend de
l'harmonie de ses proportions; sa bonté, d'un tempérament
robuste, d'une constitution vive, souple, nerveuse et d'un ca-
ractère docile.

L'artiste a besoin de juger par l'extérieur et s'attachera surtout à connaître la conformation régulière, les proportions et
les aplombs pour s'en éloigner le moins possible, ainsi que les
tares apparentes, pour les éviter; et, sans être écuyer, il serait
à désirer qu'il fût cavalier. Rarement l'homme qui n'a pas
monté à cheval se rendra bien compte des attitudes et de l'assiette à donner aux personnages de ses compositions, ainsi
que des allures des montures dont elles dépendent; avec ce
manque d'accord, bien souvent l'œil du spectateur sera gêné
sans s'en expliquer la cause, inconvénient évité par l'auteur,
si lui-même avait été, par son instruction, à l'abri de ce doute;
car il est évident que si, avec la connaissance de l'extérieur,
l'artiste peut se rendre compte des qualités et des défauts,
ainsi que du tempérament et du moral qui caractérisent le bon
cheval, il atteindra une perfection que nous sommes loin
d'exiger de lui et de son modèle.

On entend par *extérieur* l'étude de la forme générale du
cheval, des différentes régions qui le composent et des parties
qui forment ces divisions, c'est-à-dire la tête, le tronc et les

membres, ou plus justement l'avant-main, le corps et l'arrière-main, quand on s'adresse au cheval de selle qui, surtout, nous occupe.

L'avant-main comprend : la tête, l'encolure, le garrot, le poitrail, l'épaule, le bras, l'avant-bras, le coude, le genou, le canon, le boulet, le paturon, la couronne et le pied.

Le corps comprend : le dos, les reins, les côtes, les flancs, le ventre et les organes génitaux.

L'arrière-main se compose de : la croupe, les hanches, la queue, l'anus, les fesses, la cuisse, le grasset, la jambe, le jarret, le canon, le boulet, le paturon, la couronne et le pied.

Reprenons en détail la description des régions qui constituent l'extérieur : La *tête* est évidemment la partie la plus expressive de l'animal; elle contient, dans son ensemble, la nuque, le toupet, les oreilles, le front, les salières, les yeux, les joues, le chanfrein, les naseaux, la bouche, la barbe, la ganache, l'auge, la gorge.

Le *crâne* renferme le cerveau, contenant le fluide nerveux qui donne à la matière animale la sensibilité et le mouvement, par la transmission de la moelle épinière et les divisions des nerfs. On a donc raison d'exiger un crâne volumineux comme indice de la prédominance nerveuse.

Le *front* doit être large : dans ce cas, la partie supérieure, ainsi que la nuque, nous l'affirment par l'écartement des yeux et des oreilles. En effet, ces deux organes permettent de tirer des conséquences comme expression de la tête ; leur concours fait juger les impressions que le cheval ressent, surtout la crainte et le besoin de se défendre. L'oreille attentive, dardée d'abord en avant, puis agitée, indique l'inquiétude ; lorsque l'animal persiste à la coucher en arrière, il est prêt à attaquer, à se dérober à droite ou à gauche, à mordre et à frapper des membres de derrière, particulièrement s'il baisse la tête.

L'oreille droite et calme indique la confiance, elle doit être fine et sèche, ni trop épaisse ni trop pointue. Chez les juments, elle est souvent plus longue et plus mobile. Une grosse oreille est lourde et son poids l'incline. Pour le cheval, dit *oreillard*, elle pend disgracieusement en dehors. Il est *clabaud* quand l'oreille tombe à plat sur le côté, c'est souvent l'indice de chevaux communs, chez lesquels elle remue à chaque pas comme les oreilles du cochon.

L'oreille est *de lièvre* et trop inquiète, quand elle est longue, droite et rapprochée de sa voisine, indiquant une nuque étroite; l'oreille est nommée *hardie*, lorsque son pavillon est tourné avec persistance en avant, accompagnant le regard; anciennement, on lacérait les oreilles en les coupant ainsi que la queue : cela avait nom *bretauder*.

Il faut que l'*œil* soit bien sorti et grand ouvert, expressif et doux sous des cils soyeux et longs, que son regard soit franc et hardi. On doit le craindre quand il est couvert et oblique, provenant souvent d'yeux mal fendus et enfoncés. Plus l'œil est bas par rapport à l'oreille, et plus la capacité crânienne est développée.

La *joue* occupe une grande partie de la face latérale de la tête ; elle est limitée par l'œil, la crête zygomatique et le chanfrein ; s'étend en avant jusqu'à la commissure des lèvres et se termine en arrière par la courbe de la ganache. La joue ne doit pas être chargée de chair, sans quoi la tête serait commune et grasse.

Le *chanfrein* part du front et finit en pointe entre les naseaux. Pour être beau et favorable à la respiration, il faut qu'il soit large ; on le préfère droit plutôt que courbe, et suivant que cette courbure s'accentue, la tête est dite *busquée* ; *moutonnée* et *de lièvre*, quand la convexité commence avec le front. J'ai remarqué cette dernière conformation chez presque toutes les juments orientales. Pour la femelle, cette forme générale de la tête des poulains est plus persistante que chez les mâles ; ceux-ci ont le chanfrein plus droit et même quelquefois concave, ce qui fait alors désigner la tête sous le nom de *camuse*.

Les *naseaux* correspondent directement avec les poumons ; ce sont des cavités molles, dilatables, qui s'ouvrent grandes en s'arrondissant pour activer la respiration dans les allures rapides, et se rétrécissent à l'état ordinaire. Une belle ouverture nasale, très mobile, accompagne généralement un large chanfrein et un front spacieux.

Les naseaux ajoutent beaucoup à l'animation de la tête ; dans la crainte, ils sont haletants, ainsi que dans la colère, et les mouvements du bout du nez et de la lèvre supérieure y participent.

Les *lèvres* doivent être minces, avec la peau fine. La *bouche*, limitée par elles, sera peu fendue pour être gracieuse, et trahir, par sa très grande mobilité, toutes les impressions que ressent l'animal.

Le relâchement des lèvres, de l'inférieure particulièrement, indique la vieillesse, surtout si sa flaxité laisse voir l'allongement des dents.

La *pelote* charnue et couverte de poils qu'on remarque au-dessous de la bouche, derrière le menton, porte le nom de *barbe*. C'est contre ce petit monticule arrondi que l'effort de la gourmette du mors se fait sentir.

Les *ganaches*, qui ne doivent pas être massives, sont les deux côtés de la mâchoire inférieure.

Les branches osseuses qui se rejoignent pour les constituer forment un angle qu'on appelle l'*auge*; les côtés doivent en être bien ouverts pour que les premiers cerceaux de la trachée-artère, qui forment la base de la gorge, s'y trouvent à l'aise.

On est frappé, en voyant les peintures anciennes, du peu de soin qu'apportaient les artistes, même les meilleurs, à reproduire le cheval. C'est surtout dans le dessin de la tête que ces défectuosités apparaissent. Ainsi, presque tous les tableaux nous montrent, jusqu'au commencement de notre siècle, les yeux du cheval avec la forme et l'expression humaines, voire même un certain strabisme, au détriment de la largeur du front. Les oreilles sont rapprochées et dessinent un cornet béant dont les bords sont coupés, retirant ainsi à cet organe son aspect hardi et fin, et sa mobilité si sensible, si expressive pour la physionomie de l'animal.

Le chanfrein, conséquence du peu de largeur du crâne, est rétréci, toujours busqué, les naseaux plats et allongés, pas assez près du bout du nez, qu'ils laissent trop long ; partant, la fente de la bouche se termine à hauteur de la partie supérieure de la narine (ce qui n'existe de la sorte, dans la nature, que pour le profil du nez de la girafe). Cette tête de cheval est longue, surtout par sa maigreur. Sa limite inférieure *simule* une courbe concentrique à la convexité moutonnée du chanfrein et du front, *fléchit* à peine pour indiquer faiblement la base de la ganache, dont la forme s'arrondit sans saillies ni muscles apparents. Ajoutez à cela de nombreuses dents, plantées droites comme sur une mâchoire humaine, et vous aurez le spécimen ancien, trop connu et malheureusement trop différent des belles têtes dont l'antiquité grecque nous a conservé les modèles.

VIII

ENCOLURE

L'*encolure* du cheval a une grande importance pour le dressage de l'animal. Si on considère la limite supérieure, elle est *longue* ou *courte, droite, concave* ou *convexe*. L'encolure unit le tronc à la tête, et celle-ci en est toujours solidaire pour exécuter les déplacements du centre de gravité, des allures ainsi que des attitudes de défense. Une encolure longue facilite les allures vives, surtout si elle est peu chargée et droite. On la préfère courte et fortement musclée pour une bête de trait. Celle dite *renversée* est concave en arrière, comme le cou du cerf, et relève trop la tête pour qu'on puisse être bien maître de sa direction; l'animal ne voit pas le danger, il *porte au vent* et regarde en l'air; le mors vient battre ses molaires.

L'encolure opposée affecte une courbe qui, dans sa convexité, abaisse la tête et la rapproche du poitrail : elle est appelée *rouée* et généralement forte. On la rencontre fréquemment chez les chevaux espagnols et chez les romains. L'animal ainsi conformé, avec des dispositions à la résistance, s'encapuchonne, et le mors devient inactif pour la répression.

Une belle encolure est dite *bien sortie* quand, s'attachant finement à la tête par une légère courbure, elle continue avec vigueur, mais sans secousse, le garrot et les épaules. Lorsque la courbe s'accentue un peu plus dans son premier tiers supérieur et rapproche la tête de la position verticale, recommandée dans l'ancienne équitation, l'encolure est *en cou de cygne*.

La *crinière* est implantée sur sa courbe supérieure ; elle est fine et pas très fournie pour les chevaux distingués; quelquefois longue et soyeuse, elle tombe souvent à droite chez les chevaux arabes.

Chez le gros cheval de trait, la crinière trop fournie et insoumise entraîne le sommet de l'encolure et le verse d'un côté ; souvent l'abondance des crins les fait se séparer et se répandre à droite et à gauche.

L'encolure de la jument est plus dégagée et plus maigre ; l'étalon l'a généralement très musclée et un peu forte, ce qui la fait paraître plus courte. Chez le cheval hongre, les muscles font peu de saillie et l'aspect de l'encolure rappelle celui de la jument.

Le *garrot*, qui sert de trait d'union entre l'encolure et le dos, se traduit extérieurement par une courbe située à l'extrémité supérieure de l'épaule et s'en éloignant plus ou moins, suivant qu'il est élevé ou non. Ce sont les premières vertèbres dorsales qui donnent pour base au garrot leurs apophyses épineuses ; les crêtes de celles-ci diminuent de longueur assez rapidement depuis l'encolure et n'atteignent le niveau de celles du dos qu'à la onzième. Le garrot doit être *épais* à sa base, ce qui dénote le volume des muscles, donc jamais décharné. Trop *évidé* et trop *sec*, il sera dépourvu de l'élasticité nécessaire pour amortir un choc ou parer momentanément à un défaut de harnachement.

Le garrot doit être *haut*, parce que, plus les apophyses qui le constituent sont longues et inclinées, meilleures elles sont, tant pour faciliter les contractions de l'encolure que pour le déploiement des membres antérieurs et la suspension du tronc. Un garrot dépassant bien franchement et sans trop de sécheresse le sommet de l'omoplate est dit *bien sorti* ; il doit être recherché dans la conformation du cheval de selle, rendant ainsi l'animal plus maniable et plus léger.

Dans ce cas, le cheval est *haut du devant*, bien sellé, s'enlève facilement et rejette le centre de gravité en arrière.

Si le garrot est gras et noyé dans la chair, l'animal est dit *bas du devant*, les membres se fatiguent, la selle et le cavalier se rapprochent de l'encolure avec le centre de gravité.

Le *poitrail* est la partie antérieure de la poitrine ; il fait suite à l'encolure, se limite de chaque côté aux épaules et se termine au sternum. Sa largeur à la partie supérieure dépend de l'ouverture des côtes, sur lesquelles les omoplates s'écartent. Un bon cheval doit avoir les muscles qui unissent le poitrail aux membres (ars) bien formés et séparés par une rainure qui correspond à *l'arête* du sternum, celle-ci se relève en saillie chez les chevaux qui ont la côte plate et le poitrail étroitement serré par les pointes des bras et les coudes rentrés.

A la suite d'un beau poitrail, le passage des sangles, derrière le coude, est précédé par une saillie bien accusée.

L'épaule est surtout importante comme longueur et comme direction ; c'est l'omoplate ou scapulum recouvert de muscles ; cet os plat et triangulaire ne tient au thorax par aucune attache osseuse, mais seulement au moyen de muscles et de ligaments qui combattent, par leur élasticité, les réactions des allures vives. L'obliquité de l'épaule, ainsi que sa longueur, facilitent l'étendue des mouvements. L'animal étant vu de face, la position des deux épaules, contre la poitrine, doit s'incliner sur le garrot, de façon que l'angle qu'elles forment avec lui soit assez ouvert en convergeant à son sommet, sans quoi les épaules recouvriraient des côtes serrées et un poitrail rétréci.

Bras. — L'humérus forme la base du bras ; il est noyé dans la chair ; son articulation par genou avec l'omoplate, désignée sous le nom de pointe de l'épaule, donne une grande extension à sa partie inférieure, qui peut se rapprocher ou s'éloigner du sternum et même décrire une courbe (faucher) ; il est préférable qu'il se meuve toujours dans un plan parallèle à celui de l'axe du corps. C'est à la partie inférieure du bras que le gros et le court extenseur de l'avant-bras forment une saillie musculaire, très sensible en avant du coude.

L'avant-bras, dont la direction est verticale, s'articule au bras par charnière et, comme mouvement, se ferme sur l'humérus seulement en avant ; le radius étant arrêté derrière par l'apophyse olécrane (coude), il faut que les muscles qui composent l'avant-bras soient forts et se détachent bien. Il doit être long pour les chevaux du turf, et court pour ceux d'allures écoutées.

Le *coude*, ou apophyse olécrane, est le second os de l'avant-bras. Il doit être placé de manière à se mouvoir dans le plan parallèle à celui du membre antérieur, son voisin.

Le *genou*, faisant suite au radius, est l'intermédiaire mobile unissant celui-ci au canon, qui doit le prolonger en droite ligne. Le genou doit être large, sec, dessinant les tendons et les os, à peu près plat sur sa face antérieure ; à la partie postérieure, on devra sentir la base de l'os crochu par une légère dépression. Le genou, articulé par charnière, a le mouvement inverse à celui de l'avant-bras sur le bras, et ploie en arrière le canon sur le cubitus.

Le *canon* prolonge verticalement l'avant-bras et s'arrête au boulet. Il est généralement court et doit être large de profil, fort, uni, droit, à partir du genou jusqu'en bas, et le tendon, bien détaché de l'os.

Le *boulet* se compose de la réunion du canon, du paturon et des sésamoïdes. Il doit être bien formé, légèrement arrondi sur toutes les faces, et assez gros pour supporter les tiraillements résultant de sa proximité du sol, dont il reçoit les premières réactions. A la partie postérieure et inférieure se trouve l'ergot, recouvert du fanon, ou touffe de poil qu'on ne laisse se développer que chez les chevaux communs.

Le boulet se ploie comme le genou, par charnière, et peut fermer le paturon en arrière du canon, presque à angle droit.

Le *paturon* fait en avant du canon un angle obtus, sa direction oblique amortit le choc du pied sur le terrain; il ne doit pas être trop long.

La *couronne* est le trait d'union entre la peau et la paroi du sabot, qu'elle contourne à sa partie supérieure; c'est un bourrelet qui doit être peu saillant, et dont la forme arrondie se confond en arrière avec les glômes des talons.

Le *pied*, gros ongle ou boîte de corne du nom de sabot, terminant chaque membre, est en contact avec le sol et y laisse une trace plus ou moins arrondie.

Le *sabot* se compose extérieurement de la *muraille* ou *paroi*, d'une plaque en croissant voûtée qui occupe le dessous, du nom de *sole*. La partie antérieure se nomme la *pince*. Les *faces* latérales sont les *mamelles*, puis les *quartiers*.

A la partie postérieure, la paroi se recourbe sur elle-même en *arcs-boutants*, qui limitent les pointes de la sole et laissent une rainure appelée *lacune*, entre eux et la *fourchette*, corps ayant la forme d'un V allongé, en corne molle et élastique, se confondant en arrière avec les glômes, qui recouvrent les talons, placés à l'extrémité postérieure du pied. Le haut du sabot est cerclé d'une légère bande cornée, le *périople*, se reliant aux glômes, se trouve caché par les poils de la couronne et se confond avec la couche des fibres extérieures de la paroi.

IX

LE CORPS

Le *dos* prolonge le garrot; il se compose de douze vertèbres, dites dorsales, c'est lui qui supporte le poids du cavalier; il doit donc avoir de la souplesse en même temps qu'une certaine rigidité, et la direction horizontale serait la meilleure ; il s'arrondit latéralement à partir des apophyses, dont la ligne du sommet doit être légèrement rentrée, sans que cette rainure soit très sensiblement apparente. Le dos présente généralement une courbure en contre-bas, qui, si la concavité se dessine trop, fait dire du cheval qu'il est *ensellé*; si, au contraire, l'épine dorsale est convexe ou voussée, elle est dite en *dos de mulet*, et convient surtout pour porter des fardeaux, n'ayant plus la souplesse nécessaire qu'on exige du cheval sellé.

Rein. — Les lombes suivent le dos en ligne droite ; c'est ce qu'on désigne sous le nom de rein, et les vertèbres qui le composent doivent être courtes, pour centraliser avec plus de résistance l'impulsion que les membres postérieurs transmettent, par son intermédiaire, à la colonne vertébrale et à l'avant-main ; le rein, tout en étant court, doit se composer d'apophyses transverses horizontales, fortement musclées ; cela le rend large et lui conserve une certaine souplesse. Un rein mal attaché est celui qui ne suit pas le dos en droite ligne et se vousse avant d'arriver au sacrum (fait se rencontrant souvent lorsqu'on veut grandir les chevaux arabes) ; si la rainure du dos le suit en s'accusant fortement, le rein est dit *double*. Les lombes sont au nombre de six. Cependant le cheval oriental n'en présente souvent que cinq. Le rein doit continuer insensiblement le dos et rejoindre la croupe en ligne droite.

Poitrine et *côtes.* — Les côtes, au nombre de dix-huit paires, limitent la poitrine et constituent latéralement la partie arrondie du corps; elles partent dès l'origine des vertèbres du garrot, et le plus grand arc se trouve à la base de celui-ci. Les neuf premières paires, dites sternales, s'implantent directement sur le sternum, la meilleure capacité étant le cylindre ; la poitrine limitée par des cercles se trouvera dans la plus favorable condition, par conséquent la côte plate, de forme ovale, même plus longue, ne sera pas généralement une compensation ; le cheval étroit de poitrine aura, avec les membres serrés, l'haleine courte. J'ai constaté, dans les collections de plusieurs écoles vétérinaires d'Allemagne, que les chevaux arabes avaient la côte plus ronde que les chevaux anglais ; mais ceux-ci l'ont souvent plus descendue sous le coude, et la poitrine plus haute.

Le *ventre* se trouve suivre la poitrine depuis le passage des sangles jusqu'aux organes génitaux ; il ne doit être ni trop volumineux (de vache), ni trop petit et pour ainsi dire retroussé (levretté), ce qui arrive quand les muscles abdominaux se resserrent.

Le *flanc* est sous les lombes, touche au ventre, aux côtes et à la hanche ; sa longueur est celle du rein, il doit suivre régulièrement les phases de la respiration ; le flanc ne doit être ni creux, ni retroussé ; quand il a une saillie musculaire qui joint la hanche aux côtes, on le dit *cordé*.

Les *organes génitaux* du mâle sont le scrotum ou bourses, qui renferment les testicules. L'enlèvement de ces dernières fait dire du cheval qu'il est *hongre*, c'est-à-dire improducteur. La *verge* est contenue dans un fourreau, dans lequel elle doit pouvoir agir librement. Chez la femelle, la *vulve*, origine de l'organe, est placée immédiatement au-dessous de l'anus, et les mamelles font suite au ventre, à peu près à hauteur du grasset.

X

ARRIÈRE-MAIN

La *croupe* est entre les reins et la queue, située à la partie supérieure du corps dominant les hanches, la cuisse et les fesses ; on la voudrait droite et longue pour le cheval de selle ; sa largeur est plutôt favorable au cheval de trait et spécialement à la jument poulinière ; la croupe longue diminue le flanc et rend le rein plus solide. Quand elle est droite, les muscles fessiers sont plus longs ; lorsqu'elle est épaisse, elle est souvent *double*, et la ligne des vertèbres s'enfonce ; quand cette ligne est en saillie, elle est dite *tranchante* et, dans ce cas, s'incline du côté des hanches et de la pointe des fesses ; ce dernier cas la fait nommer *avalée et basse*.

Une croupe courte donne peu d'extension aux mouvements et elle a l'air coupée ; généralement la croupe s'incline doucement, depuis son point culminant jusqu'à la fesse.

La *queue* fait suite à la croupe et recouvre les os coccigiens ; on y remarque l'*attache*, le *tronçon* et les *crins* ; les chevaux orientaux, qui ont souvent la croupe droite, ont l'attache de queue haute, le tronçon horizontal bien détaché, les crins fins et tombants comme un panache, en un mot, une *queue en trompe, un beau fouet de queue à tous crins*, qu'on est quelquefois obligé de couper à la hauteur des boulets.

Une queue résistante, quand on la soulève et qu'on la tire à soi, est un signe de vigueur. La fantaisie n'a pas respecté cet ornement du cheval, qui a subi les exigences de la mode ; ainsi, on a porté des queues en balai, coupées très près du tronçon, la courte queue, l'écourtée, la courtaudée ; coupée très près de l'anus, c'est la queue en catogan. Les Anglais ont inventé le nictage, opération qui consiste à couper en travers et dans toute leur épaisseur les muscles abaisseurs de la queue ; les releveurs agissant seuls, font porter haut la queue. Chez les chevaux communs, de croupe avalée, elle est basse et collée entre les fesses.

L'*anus* doit former un bourrelet saillant et bien fermer l'orifice du tube intestinal ; on trouve, au-dessous, le périnée, qui s'étend jusqu'aux parties génitales ; c'est une bande de peau très fine entre les deux membres postérieurs, au-dessous des fesses ; on nomme raphé la ligne médiane du périnée.

La *hanche* est la partie angulaire et intérieure de l'ilium, située latéralement en arrière du flanc et touchant la cuisse ; il faut qu'on la sente, mais elle doit être arrondie et non saillante ; dans ce dernier cas, elle est dite *cornue* et se rencontre chez les chevaux à croupe oblique ou trop large.

La *fesse* est la partie extrême du cheval ; elle est sous la croupe, en arrière de la cuisse et au-dessus de la jambe ; elle doit être longue, avec des muscles saillants et durs ; dans ce

cas, le cheval a les fesses bien *descendues* et est bien *culotté*.
Sur les animaux maigres, la fesse se distingue de la cuisse par
un sillon très accentué, dit *raie de misère*. Pour le cheval
vigoureux, cette séparation n'est que légèrement sentie. Le
turf et les allures rasantes demandent au cheval un muscle
puissant, dont la courbure, descendant des pointes des ischiums,
éloignées l'une de l'autre, rejoint obliquement la jambe. Sur
les chevaux de manége et de haute école, aux allures relevées
et cadencées, la courbure a moins de rayon. Cette même particularité se trouve d'une façon encore plus apparente, sous
une très grosse masse de muscles, dans les animaux de gros
trait, chez lesquels toute cette force s'use dans la progression
lente; chez ceux-ci, la fesse paraît courte et coupée.

Les artistes qui dessinent des chevaux commettent souvent
la faute de trop descendre l'intersection des muscles de la fesse
avec la jambe, ce qui les oblige de forcer l'étendue du grasset,
ainsi que la longueur du fascialata. (*Ilio-rotulien, fémoro-ro-
tulien, ilio-aponévrotique.*)

On évitera de se tromper si l'on considère que, de profil, la
limite de la courbe dont nous parlons, c'est-à-dire son point
de contact avec la corde calcanéenne, est à peu près à la même
hauteur que l'insertion du fascialata sur la crête du tibia.

Nous avons encore un contrôle que nous indiquons en comparant l'arrière-main à l'avant-main, sachant que, dans la position
du cheval en station régulière, la rotule, sous le grasset, est à la
même distance de terre que le coude ou olécrane. Il est facile,
d'après cela, de se rendre compte que la limite inférieure de
la fesse, s'arrêtant à hauteur de l'articulation du fémur et du
tibia, doit se trouver à peu près à la même distance du sol que
le sternum, placé à quelques centimètres plus bas que la pointe
du coude.

La *cuisse* se confond généralement avec la fesse, en avant
de laquelle elle est placée, à la suite du flanc, au-dessous de la
croupe et au-dessus de la jambe, ayant le fémur pour base.
L'articulation de celui-ci par genou dans la cavité cotyloïde
donne le mouvement à cette partie du membre, plutôt dans le
sens de la longueur de l'animal qu'extérieurement. Les muscles de la cuisse doivent être longs, saillants et résistants; on
distingue mieux la partie interne ou plat de la cuisse.

Le *grasset* est au-dessous de la cuisse, à la partie supérieure

antérieure de la jambe, et recouvre la rotule ; il est important
d'indiquer son *pli*, le bourrelet unissant le membre postérieur
au ventre. Les muscles qui s'attachent à la rotule, ayant une
grande importance dans l'extension de la jambe transmise par
le fémur, donnent au grasset, qui en est la conséquence, une
forme arrondie, parfaitement limitée, qu'il importe de bien dé-
tacher du corps et de mettre à sa place. Nous avons dit plus
haut que le coude et le grasset étaient à peu près à la même
distance du sol.

La *jambe*, confondue souvent avec la cuisse à laquelle elle
fait suite, se prolonge obliquement d'avant en arrière jusqu'au
jarret; elle a le tibia pour base; celui-ci s'articule au fémur par
charnière et se meut seulement en arrière pour se fermer sur
ce dernier. Une jambe forte, nerveuse et longue fournira
l'allure allongée et vive. Si la jambe est musclée et courte, le
cheval peut être très bon, surtout pour le manége.

Le *jarret* est à la partie inférieure du tibia (ou os de la jambe)
et s'appuie sur les six os tarsiens et la tête du canon postérieur. C'est la pièce la plus importante de l'animal comme
transmission du mouvement, et la première opposée à la résistance du sol. Cette articulation doit être bien évidée, sèche et
large, du bord antérieur ou *pli*, à l'extrémité postérieure ou
tête du calcanéum, dite *pointe du jarret*.

Le jarret a deux faces : l'*externe* et l'*interne*. On appelle *corde
tendineuse du jarret* ou *corde calcanéenne* l'assemblage des
tendons des muscles extenseurs qui, limitant la partie postérieure de la jambe, arrivent sur la tubérosité du calcanéum,
qu'ils contournent pour descendre ensuite, comme une corde
bien détachée et en ligne droite, derrière le canon, jusqu'au
boulet. A sa partie supérieure, c'est-à-dire à sa jonction avec
le jarret, la corde calcanéenne s'isole des muscles et de l'os
de la jambe ; ce vide doit être bien marqué : il s'appelle *le
creux du jarret*.

L'artiste représente généralement le cheval *de guerre* et celui
de chasse, en un mot, le cheval *de selle*, auquel on demande
des réactions douces ; il est donc nécessaire d'éviter, pour ce
type, de faire le jarret trop droit, tout en le maintenant large
du pli à la pointe, avec un tendon bien détaché, sans tomber
dans l'excès contraire en fermant l'angle du jarret, ce qui pré-
disposerait trop le cheval aux allures cadencées. La représen-

tation du cheval de course exige un jarret ouvert et droit, sus-
ceptible de donner surtout l'impulsion suivant une direction
horizontale, presque rasant le sol pour exécuter le *ventre-à-
terre*, profitant de toute la force en longueur et ne s'élevant de
terre que juste pour arriver à ce but. En forçant cette ouverture de jarret, on a le cheval dit *campé*, comme nous l'expli-
querons plus tard.

Le cheval destiné au manége, aux carrousels, a les allures
courtes et souvent sur place ; ne pas craindre de diminuer les
rayons supérieurs et de couder ou fermer un peu le jarret,
dont le ressort s'exercera, dans ce cas, avec une grande force,
surtout de bas en haut ; les réactions seront plus douces et le
tride facilité ainsi que le saut, en évitant, cependant, de trop
fermer le jarret, ce qui ferait dire que le cheval est *sous lui*.

Si vous représentez un bel étalon, faites-lui les jarrets
larges, les muscles de la croupe vigoureux et longs, les reins
courts et pour ainsi dire doublés ; qu'on sente que, pour
lui, le cabrer est facile ; que l'avant-main soit peu chargé de
chair, pour aider à son déplacement en hauteur ; que cette préparation au service qu'on demande à ce cheval lui soit facile :
c'est la première condition pour qu'il accomplisse son devoir
de reproducteur avec énergie.

<h2 style="text-align:center">XI</h2>

LES TARES

Les *tares* sont des excroissances osseuses et des tumeurs qui,
surgissant à l'entour des articulations, nuisent au mouvement,
et par cela même déprécient l'animal ; quelques-unes de ces
tares sont héréditaires.

Les tares osseuses ou dures sont : l'éparvin, à la face interne inférieure du jarret ; c'est un exostose à la partie supérieure de la tête du canon ; dans ce cas, il est dit *calleux ;*
celui qui commence par une tumeur molle s'appelle éparvin
de bœuf. La *courbe*, tare osseuse, située à la face interne
supérieure du jarret et à la base du tibia.

Le *jardon* est une tumeur osseuse à la partie inférieure du jarret, sur la tête du péroné externe. Lorsque l'exostose fait saillie en arrière et fausse la ligne du tendon, par la convexité de son développement, on le désigne sous le nom de *jarde*.

Puisque nous tenons encore le jarret, décrivons-en les tares molles, qui sont le *vessigon*, tumeur gonflée par un épanchement de synovie, qui se trouve dans le creux du jarret, à sa partie inférieure et en avant du calcanéum ; quand il existe des deux côtés, il est *chevillé* ; d'un seul, il est dit *simple*.

Le *capelet* se développe autour de la pointe du jarret, c'est souvent une accumulation synoviale ; dans ce cas, le gonflement est mobile.

La veine saphène est quelquefois affectée de dilatations irrégulières dans son parcours sur la partie interne du jarret, ce sont des *varices*.

Pour le membre antérieur, on rencontre quelquefois sur les genoux une grosseur qu'on nomme *osselet* ; sur les canons antérieurs et postérieurs, les tares osseuses prennent le nom de *suros*.

On nomme *molette* une tumeur molle, formée par une accumulation de synovie, au-dessus du boulet et de chaque côté des tendons fléchisseurs du pied.

Il peut venir des exostoses sur la couronne du pied, à sa face antérieure, et même circulairement : ce sont des *formes*.

Les *solandres* sont des crevasses qui se font aux plis des genoux et à ceux des jarrets.

Toutes les tares dures et molles que nous venons d'énumérer sommairement, ne sont graves que lorsqu'elles gênent les mouvements du cheval ; il ne faut donc pas s'en préoccuper outre mesure. Pour l'œil, c'est différent, il est nécessaire de bien connaître leur place afin de les éviter dans le dessin, si elles existent, et surtout ne pas les inventer par ignorance des défectuosités accidentelles ou permanentes du sujet, en ne le connaissant pas au physique, ce qui expose à multiplier les vices de constitution des parties que l'on veut reproduire.

XII

LES PROPORTIONS

C'est quand on s'adresse aux artistes, qu'il est surtout nécessaire d'énoncer les principes pouvant fixer leur mémoire, par une description des relations d'ensemble entre toutes les parties qui composent l'animal. Il faut limiter chaque région d'un contour apparent, et tâcher d'indiquer, le plus approxivativement, le rapport qui existe entre elles.

Dans la nature, il n'y a rien d'absolu ; le mot proportion ne doit donc être pris ici que dans une application relative. Un auteur érudit, en traitant ce sujet, dans un livre spécial, disait qu'une indication numérique des proportions n'était pas seulement difficile à établir, impossible à appliquer, mais encore d'une utilité contestable.

Combien d'autres citerai-je qui, renchérissant sur ce que l'on vient de lire, nièrent toute application de mesures comparatives sur le cheval, en écrivant : « Jamais telle ou telle partie n'est trop grande, trop large, trop haute pour être belle ; » ceux-ci allèrent trop loin dans le sens opposé au système des mesures de Bourgelat, qui diminua cependant ce que ses observations avaient de réellement applicable, en se perdant dans des détails impossibles à retenir, et difficiles à vérifier.

Nous tâcherons donc d'être clair et, autant que possible, descriptif, afin que l'œil saisisse vite et traduise bien nos observations ; forcément, elles devront reposer sur des désignations tenant à la couche musculaire, sur laquelle la peau de l'animal se moule et s'anime.

Nous nous efforcerons d'indiquer les parties pricipales et les rapprochements qu'on peut faire en les comparant, à l'une d'elles, pour rester dans la limite du vrai, en s'appuyant sur la nature.

Pour acquérir la justesse du coup d'œil nécessaire au dessinateur, entreprenant l'étude difficile des animaux, il faut voir et comparer. C'est de l'expérience, confirmant la théorie, que l'artiste tirera utilité d'un enseignement, comme extérieur du

cheval, en s'attachant surtout à ce qui dénote une bonne con
formation, la force et l'aptitude aux différentes allures.

Les quelques renseignements que nous allons essayer de
donner serviront seulement à guider les observations. Nous ne
disons pas : Il faut que toutes les mesures que nous prescrivons
se trouvent exactement sur un cheval pour qu'il soit beau ;
mais nous affirmons que nous les avons trouvées sur un très
grand nombre de chevaux. et qu'en les appliquant l'artiste
s'éloignera peu de la vérité.

Les très nombreuses mensurations faites par nous, en Asie,
Afrique et Europe, avec des instruments faciles à manier, permettent d'affirmer l'exactitude des expériences hippométriques
qu'il nous paraît utile d'indiquer sommairement.

C'est la tête du cheval qui sert d'unité comparative; nous
ne compliquerons pas ici le renseignement, en nous servant
de fractions, et nous dirons que la longueur de la tête se re-
trouve à peu près exactement, comme mesure, du dos au
ventre, tangentiellement et épaisseur du corps. Du sommet du
garrot à la pointe de l'épaule; du pli supérieur du grasset
à la pointe du jarret; de celle-ci à terre ; de la partie postérieure des muscles de l'épaule à la hanche (derrière le long
extenseur jusqu'à l'attache antérieure du facialata); du sternum
au boulet ; au-dessus de celui-ci, pour les grands chevaux et
ceux de course; au milieu et au bas pour les chevaux petits et
ordinaires ; deux fois et demie la tête pour la hauteur du
garrot à terre ; du sommet de la croupe à terre, très fréquemment, et de la pointe de l'épaule à celle de la fesse (longueur
du cheval). La longueur de la croupe, de la pointe de la hanche à
celle de la fesse, est toujours moindre que celle de la tête, de
8 ou 10 centimètres; la largeur de la croupe d'une hanche à
l'autre ne dépasse pas souvent sa longueur.

J'ai toujours été frappé de la fréquence d'égalité de la verticale du garrot avec celle du sommet de la croupe à terre ; cela
n'a pas été assez souligné dans les traités qui s'occupent de
l'extérieur du cheval. Je crois en trouver la raison dans la difficulté d'apprécier, d'un seul coup, ces deux distances sans
recourir à la potence métrique. Cette erreur d'optique vient
de ce que l'oblique, tirée du point culminant du garrot à
son intersection avec le dos, est très courte, comparée à celle
partant de ce point pour rejoindre le sommet de la croupe ;

cette dernière, ayant une pente bien plus douce, ne paraît pas atteindre un point aussi élevé.

Disons maintenant que, lorsque la verticale du garrot est plus haute, le cheval porte plus facilement le cavalier ; les épaules sont plus libres et l'encolure plus légère ; l'égalité des deux verticales équilibre les puissances de l'avant et de l'arrière-main, enfin, si la verticale de la croupe est plus grande, cette augmentation rend la progression du cheval plus vive, en avantageant les muscles de cette partie, ce qui se rencontre fréquemment chez les chevaux de grandes allures : les chevaux de course.

On dit qu'un cheval a un *beau dessus* lorsqu'à partir de l'encolure il y a harmonie entre le garrot, le dos et la croupe ; un *beau dessous*, quand les lignes des membres s'harmonisent. Lorsque ces deux conditions du dessus et du dessous se rencontrent, le cheval a un *bel ensemble*, il est *bien suivi* ; dans le cas contraire, l'animal est dit *décousu*.

On pourrait croire que les mesures prescrites ne sont applicables que sur les chevaux orientaux, s'inscrivant ordinairement dans un carré, c'est-à-dire que leur longueur ne dépasse pas leur hauteur ; nous pouvons affirmer que ces mensurations que nous préconisons se rencontrent beaucoup plus souvent qu'on ne le pense, même sur le cheval de course anglais, qui est réputé long, et toujours représenté difforme dans ses dimensions comme croupe et petitesse de tête. C'est une fantaisie qui peut être de mode, mais qu'on ne doit pas sérieusement discuter.

J'ai souvent mesuré des chevaux de course et, selon mes expériences, la longueur de la pointe de l'épaule à celle de la fesse se maintient toujours entre deux têtes et demie et deux têtes trois quarts, même pour les chevaux anglais, dits longs ; aussi ai-je appris, depuis nombre d'années, à me méfier des exagérations dessinées sous le prétexte de portraits faits d'après nature. Heureusement que, pour ramener ces performances artistiques à leur juste valeur, nous possédons un grand nombre de photographies ; l'animal parfaitement vu de profil, et la perspective de la photographie n'atténuant jamais, dans cette pose, la hauteur ni la longueur, cela permet de vérifier l'exactitude de ces dimensions et d'en tirer des conséquences mathématiquement conformes à la vérité.

Le peintre, une fois averti, prendra sous sa responsabilité d'augmenter ou de diminuer telle partie qu'il croira devoir forcer pour donner plus de cachet à sa composition. L'éleveur anglais a certainement produit, par de savantes combinaisons, un cheval plus long que ne le seront jamais les descendants de son ancêtre arabe; mais c'est surtout à l'inclinaison de l'épaule et à la largeur de la cuisse qu'il faut attribuer cette longueur, apparente seulement, et ne jamais l'obtenir par la trop grande profondeur de la poitrine, ni forcer les flancs, qui se trouveraient alors sous un rein défectueux et peu solide.

En Europe, le travail auquel on soumet les chevaux étant plus entrecoupé de repos, se composant souvent pour le même cheval tantôt de porter, tantôt de tirer avec plus ou moins de vitesse, on a dû chercher à augmenter la taille et développer certaines proportions, d'abord par une nourriture substantielle, devant réparer de plus grands efforts et les rendre faciles, puis, en réglant sagement cette alimentation, suivant la nature de l'animal et l'entraînement au service spécial qu'on en exige comme résistance musculaire. Nos voisins ont sagement approprié le cheval aux différents emplois qu'ils exigent d'eux; prenons donc le cheval de selle anglais pour type, d'autant plus qu'il est d'origine arabe, et comparons-le à son ancêtre; il est grandi et surtout allongé, tout en restant solide et ardent, mais c'est d'abord la vitesse qui l'emporte, tandis que chez l'arabe, toujours l'effort soutenu domine, en un mot, la durée résultant de la concentration des forces.

Il s'agit d'examiner si le cheval anglais a tout à fait répondu à ce qu'on attendait de sa forme, de sa valeur, en étudiant le but qu'on se proposait d'atteindre; cette grave question a besoin d'être élaborée avec beaucoup plus de savoir et de développement que je ne puis en mettre. Tout en la laissant résoudre aux érudits et aux hommes de cheval consciencieux, je puis cependant affirmer, devant l'évidence trop malheureusement constatée, que le cheval de course, tel qu'on l'entend aujourd'hui, serait loin de se tirer avec honneur des *longues* épreuves qu'on lui faisait subir anciennement. Il a toujours la vitesse, sans progrès, et c'est déjà beaucoup pour le sacrifice du fond et de la forme. Les Anglais en conviennent eux-mêmes.

On a sacrifié la forme en grandissant l'animal et en rompant l'harmonie de sa structure; on l'a rendu plus svelte et plus léger en l'allongeant, mais aussi plus délicat et moins solide ; je ne pense pas que ce soit ce cheval efflanqué et pour ainsi dire bossu, qu'on se propose de donner comme type de reproducteur, amenant avec lui toutes les tares provenant d'une vieillesse prématurée, résultant d'un travail excessif et précoce. Que peut-on augurer de la durée d'un poulain qui a déjà été entraîné et a couru à deux ans ? On ne peut avoir pour but l'amélioration de la race chevaline future en agissant ainsi.

M. Delamarre a traité la question, il y a quelques années, en insistant beaucoup pour proscrire d'une manière absolue l'emploi du cheval de course comme reproducteur destiné à devenir en France le régénérateur de nos races indigènes ; pour le cheval d'un véritable service, il ne pourrait que doter ses produits de défauts inhérents à sa conformation grêle et décousue.

Baucher croit le cheval de course élevé spécialement dans le but de satisfaire la curiosité publique, avec la seule qualité de parcourir une lieue en quatre ou six minutes, et déjà, en 1833, il émettait le vœu de n'admettre, pour le galop, que les chevaux à qui leur construction permettrait, quelques jours après la course, de rendre encore un bon service de ville. « Il y aurait avantage, disait-il, à remplacer ces coureurs, incapables d'aucun bon service, par des chevaux de selle ou de voiture, légers et bien proportionnés dans leurs formes ; les uns attelés et les autres montés développeraient toute l'extension dont ils sont susceptibles, à l'allure du trot. »

Les chevaux des pays chauds sont courageux, vifs, inquiets, violents, capables des plus grandes fatigues et vivent longtemps. Ils sont formés plus lentement que les chevaux du Nord ; mais, si les chevaux des pays froids sont plus grands et engendrent plus promptement, aussi sont-ils paresseux, froids, timides, rétifs, peu sensibles, incapables de longues courses et hors de service de bonne heure.

XIII

LES APLOMBS

Il est rare de rencontrer un cheval placé naturellement de façon que ses quatre membres se trouvent également distants du centre de gravité.

Pour placer et juger ses aplombs, on force le cheval à couvrir avec ses pieds les angles d'un rectangle, ayant chaque membre au milieu de son appui, de telle sorte que chaque bipède latéral supporte à peu près un poids égal de la masse.

S'il est impossible d'établir des règles fixes pour les aplombs, on a cependant certaines données qui permettent une appréciation suffisante ; ainsi, le cheval en station, appuyant le pied bien à plat sur un terrain uni et de toute la circonférence de ses sabots, doit avoir les canons verticaux. On a imaginé certaines lignes perpendiculaires au sol, aidant à s'assurer de la bonne direction des membres, pour que les mouvements de progression se fassent dans un plan parallèle à celui de l'axe du corps. Ainsi, le cheval étant de profil, la verticale qui touche la pointe de l'épaule doit rencontrer la terre sensiblement en avant de la pince du pied de devant. Il faut, pour que la direction du membre antérieur soit régulière, que la perpendiculaire au sol, qui coupe le boulet par son milieu, partage de la même façon le canon et le genou, en s'arrêtant à hauteur de la base du sternum, vers le tiers postérieur de l'avant-bras.

Si la verticale de la pointe de l'épaule touche le pied, le cheval est *campé ;* il en résulte une grande fatigue des articulations et le ralentissement de l'allure ; si, au contraire, l'intersection de cette ligne avec le sol laisse la pince bien en arrière, le cheval est *sous lui* et prédisposé à être peu solide sur son devant, inconvénient pour le cheval de selle et qui est nul pour le cheval de trait.

Si la verticale de l'avant-bras, devant diviser le genou en deux parties égales, passe près de l'os crochu, c'est-à-dire laisse le

genou en avant, le cheval est *brassicourt* ou *arqué* ; le premier
est un défaut de nature, le second provient de l'usure ; quand
cette même verticale touche les talons, le cheval est dit *droit-
jointé*, et *court-jointé*, quand le paturon est court ; dans le premier cas, les réactions sont dures, dans celui qui va suivre
elles sont douces, mais les tendons fatiguent beaucoup ; il est
bas-jointé lorsque la ligne du paturon prolongée fait avec le
sol un angle aigu et que le boulet se rapproche de terre, pa-
raissant chasser le pied en avant ; dans ce cas, l'animal est
ordinairement *long-jointé*, c'est-à-dire que le paturon est long.
Lorsque le genou est en arrière ou trop près de la verticale, et
pour ainsi dire rentré, il est dit *genou creux, effacé*.

Lorsque le cheval est de face, la verticale qui touche la
pointe de l'épaule, arrivant sur la pince, doit diviser le pied
en deux parties égales ainsi que le boulet, le canon et le genou.
Si cette droite laisse le genou en dedans, l'animal est *serré du
devant* et les pieds se rapprochent ; l'équilibre est instable ;
cela facilite les allures vives de courte durée. Si les genoux
sortent de la perpendiculaire, le cheval est *trop ouvert* ; cette
disposition est favorable au cheval de gros trait, à base solide
et généralement poitrail étoffé.

Lorsque, à partir du genou, les canons et les pieds se tour-
nent en dehors, il est dit *panard* ; s'il est en dedans, *cagneux*,
parce que les pinces se rapprochent.

L'animal *cambré* est celui dont les membres de devant s'é-
loignent de la verticale, en se courbant avec le genou en dehors
de la ligne qui partage le pied en deux ; si les genoux rentrent
en dedans, le membre faisant la courbe opposée à la première,
c'est le *genou de bœuf*.

Le membre postérieur, *vu de profil*, doit effleurer de la
pointe du jarret la verticale tangente à la pointe de la fesse ;
celle-ci continue à longer le tendon jusqu'au fanon. Si la direction du canon est oblique en avant par rapport à cette ligne,
le cheval est *sous lui* ; si l'obliquité se dessine en arrière, il
est *campé*. Lorsque le membre postérieur est vu *par derrière*,
la perpendiculaire au sol doit partager les talons en deux parties : le canon, le calcanéum, et toucher intérieurement la
pointe de la fesse. Il se présente ici les mêmes particularités
que pour les membres antérieurs par rapport à cette verticale.

En dedans, le cheval a les membres *trop serrés*, il a les jarrets *clos* et est *crochu*, si les jarrets forment les sommets d'un angle rentrant et tendant à se cogner. (Souvent cette défectuosité, qui n'altère en rien la vitesse, se rencontre chez le cheval et surtout chez la jument arabe.) La direction générale du membre étant trop en dehors, l'animal est *trop ouvert*, ce qui le rend lourd ; on dit aussi des membres de derrière que le cheval a les jarrets trop ouverts, qu'il est panard, cagneux, etc.

Nous devons faire ici la remarque que généralement l'angle formé par le paturon, avec le sol, est moins aigu pour le pied de derrière que pour celui de devant, et la pente de la paroi moins inclinée ; en un mot, que le cheval est plus droit et court-jointé postérieurement, qu'antérieurement. J'ai fait cette observation souvent en Orient sur des chevaux adultes n'ayant pas été abîmés par la ferrure.

XIV

LES ROBES

On désigne par le mot robe la couleur des poils du cheval. Sans caractériser la race, une nuance peut cependant se rencontrer plus souvent dans un pays que dans un autre ; on peut préférer les teintes qui s'indiquent franchement à celles des chevaux lavés, de tons indécis, blanchâtres ou de plusieurs couleurs.

On a donné le nom de poil *simple* à celui uniforme, et celui de *composé* quand il a des nuances différentes.

Les poils simples sont le blanc, le noir et l'alezan.

Le blanc, tantôt argenté, tantôt ordinaire ou pâle. L'emploi et la description de chevaux de ce poil remonte aux représentations et aux récits les plus anciens.

Le vrai cheval *blanc* sans aucun mélange n'existe pas ; il est gris-clair, mais peut paraître, surtout en vieillissant, réellement blanc. On le rencontre beaucoup en Orient, et ce poil a plus de persistance que les autres dans la reproduction. Le blanc *argenté* offre des reflets brillants et nacrés, le *pâle* est laiteux et mat.

Le *noir* brillant ou *jayet*, le mal teint qui est terne et roux et le noir mat.

L'alezan. — Le cheval dit *alezan* a les poils rougeâtres, même les extrémités et les crins ; on dit alezan clair, alezan doré, alezan cerise, alezan cuivré, alezan châtain, alezan brûlé, alezan foncé.

La deuxième catégorie contient des robes composées, ce sont : le *bai*, l'*isabelle*, le *souris*.

Le *bai*, dont les poils sont roux, les extrémités, la crinière et la queue noires ; on dit bai clair, bai cerise, bai doré, bai châtain, bai marron, bai vineux, bai brun. Ce dernier est noir mal teint, avec des taches de feu à la tête, aux flancs, aux fesses.

L'isabelle est plus clair que l'alezan, le blanc domine ; quelquefois des zébrures aux extrémités et la raie de mulet. Pour la robe *souris*, les mêmes particularités que la précédente, mais c'est le noir au lieu du blanc qui domine dans la teinte. La robe grise est la plus commune ; elle se compose du mélange de poils noirs et de poils blancs. On distingue le gris clair où le blanc domine, le gris sale roux. Le pommelé, plaques noires et blanches entremêlées, le gris ardoisé avec la peau noire, le gris truité avec taches rougeâtres, le gris tourdille rougeâtre avec taches noires, le gris de fer avec plus de mélange foncé, le gris étourneau, fond gris avec taches blanches.

Il y a encore, comme robes mélangées : l'*aubère*, composé de poils rouges et de blancs, avec crins de même. Fleur de pêcher, plaques rouges sur fond blanc.

Le *rouan* se forme de noir, rouge et blanc ; suivant la couleur qui domine, il est dit rouan foncé ou rouan clair. Enfin, la robe *pie* dont les taches de noir, de bai ou d'alezan, tranchent sur le blanc.

Le *pie* noir a les extrémités noires ; le pie blanc, les a blanches. La robe pie était très en honneur pendant le dernier siècle ; les peintres s'en servaient fréquemment comme monture de cavaliers de distinction, de généraux, et faire tirer les voitures de gala.

Pour que le signalement d'un cheval soit complet, il faudrait ajouter la description des particularités et des marques. Ce sont des signes qui tranchent sur le fond de la robe et se trouvent surtout à la tête, aux fesses et aux membres.

Je me résumerai en énonçant seulement ces particularités qui sont : pommelé, marbré, miroité, truité, moucheté, tisonné, tigré, lavé, zébré, rubican, cap-de-maure, marqué de feu, zain, ladre. Cette dernière expression indique une portion de peau blanche ou rose privée de poils, qu'on trouve souvent autour de la bouche, des yeux, de l'anus et de la vulve. Si je signale ceci, c'est parce que j'ai rencontré, sur les hauts plateaux de l'Afrique, des chevaux albinos, chez lesquels le ladre était une véritable infirmité ; ayant, par ce fait, de larges places sans défense contre le vent et la chaleur, ils ne pouvaient supporter ni brides, ni mors.

Parmi les marques les plus importantes, on constate : l'étoile, la lisse, la raie de mulet, le nez de renard, les moustaches, les épis, le coup de lance et la balzane. Cette dernière est blanche sur les robes foncées et se trouve sur les jambes commençant ordinairement à partir de la couronne ; elle reçoit différents noms, suivant qu'elle monte haut sur le membre, depuis la simple trace, jusqu'à la désignation de balzane très haut chaussée, allant du paturon au jarret.

Citons pour finir les *épis*, formés d'une touffe de poils qui rebroussent, ils ont une grande importance chez les Orientaux. Le coup de lance est une légère dépression, comme une fossette, placée sur l'encolure, l'épaule ou la fesse.

DESCRIPTION
DES PLANCHES

Si notre but n'avait pas été de résumer en quelques pages ce qui a rapport à l'étude de l'extérieur du cheval, nous aurions pu donner beaucoup plus de développements à toutes les importantes questions sur lesquelles nous nous proposons de revenir dans la suite. Il eût été facile de citer beaucoup d'exemples à l'appui de ce qui était énoncé, en analysant les productions des dernières expositions qui méritaient la critique. Mais, pour ne pas trop charger la mémoire des artistes, nous avons préféré traiter ce sujet sous la forme d'observations et de notes dont chaque dessinateur peut contrôler l'exactitude, puisque nous indiquons toujours la marche à suivre afin de se convaincre de la vérité de nos assertions, dont l'unique intention a été de rendre la théorie utilement et facilement applicable ; nous le répétons, ce sujet est d'autant plus aride qu'il vient à l'encontre d'habitudes généralement acceptées jusqu'à présent sans être combattues.

PLANCHE I

La planche I représente, figure n° **1**, le cheval placé sur ce que l'on nomme ses *aplombs*, la lettre *a* indique une longueur de points égalant celle de la tête, prise du bout des lèvres à la nuque. — L'horizontale du garrot est souvent tangente à la croupe, si on la prolonge et qu'elle rencontre le haut de la narine, le cheval paraît répondre à la meilleure condition d'attitude.

La figure **2** nous montre le cheval en marche, on a choisi l'appui de la base diagonale gauche, formé par le pied gauche de devant et le droit de derrière. Le pied droit de devant a dépassé le milieu du soutien que commence seulement celui de derrière, les trois pinces sont à une égale distance.

La figure 3 nous donne le moment de la base latérale gauche. Le pas complet ou écartement des deux pinces de gauche, excède de quelques centimètres la longueur du corps. On a représenté l'instant où le pied droit de devant quitte la trace que viendra couvrir celui de derrière du même côté : l'un commence latéralement le soutien, l'autre le termine.

La foulée partagera en deux l'espace limité par les pieds latéraux à l'appui.

PLANCHE II

Cette planche figure à peu près les positions qu'occupent les membres, la tête et la queue du cheval, pendant la progression d'un pas complet ; ces neuf croquis donnent les différentes phases de l'évolution accomplie par l'animal, pour passer de l'appui latéral droit à l'appui latéral gauche. La tête ainsi que la queue s'élèvent progressivement de a jusqu'à e, pour redescendre peu à peu, toutes les deux, jusqu'à k. Lorsque le cheval est sur la base latérale de sustentation, l'écartement des membres amène le centre de gravité le plus bas possible ; le cou est allongé et la tête basse, légèrement tournée du côté du membre antérieur au lever, pour augmenter son poids, lorsqu'il arrivera au poser.

Le compas ouvert par le profil des deux jambes du cheval a se ferme à mesure que s'ouvre celui des membres de derrière, ainsi que nous le représentons.

A partir de e, c'est l'angle formé par les deux membres de derrière qui se referme dans les figures f. g. h. k.

Nous terminons la planche II par la figure m, représentant un cheval campé, avec la plus grande extension que nous proposons de donner aux membres dans l'appui latéral, c'est-à-dire la longueur du cheval, dépassée à peu près de celle du sabot.

PLANCHE III

La première figure donne le trot raccourci dans la période de l'appui. Les pieds opposés diagonalement s'enlèvent en même temps et ne font entendre que deux battues ; c'est ainsi que l'on représente généralement l'allure du pas, par erreur ; puisque, pour cette dernière, l'oreille perçoit les quatre foulées. — Les deux autres chevaux donnent le trot dans sa période de projection, les membres en suspension ont quitté terre. Dans le grand trot, l'animal allonge la tête et le cou et détache horizontalement la queue.

Dans le galop à droite, à trois temps, la figure **1** nous montre le premier indiqué par le pied postérieur gauche ; le second, figure **2**, par le pied droit de derrière et le gauche de devant (base diagonale gauche), enfin, le troisième est marqué par le pied droit sur lequel le cheval galope ; celui-ci fait ressort et le corps, ainsi projeté en avant, entre en suspension pour recommencer trois nouvelles foulées.

Le galop de course est représenté par les trois dernières figures de la planche III ; la succession des foulées, sous la masse, s'opère très-rapidement et presque simultanément par paires, chaque pied cependant précède son voisin du côté sur lequel se dessine l'allure ; les membres agissant pour ainsi dire par bonds, marquent seulement deux battues un peu traînées.

Lorsque le cheval est *ventre-à-terre*, c'est-à-dire quand les jambes sont le plus allongées en sens inverse, le corps est le plus rapproché du sol.

PLANCHE IV

Dans la figure **1**, le cheval s'enlève pour franchir l'obstacle par le saut, il établit sa base solidement, redresse le cou et ploie les jambes de devant sous le poitrail ; **1'** est la même pose vue par derrière. Aussitôt que l'animal a quitté terre, les pieds tendent à se rejoindre et les membres postérieurs se rapprochent du ventre, comme dans les figures **2** et **2'**. En franchissant l'obstacle, ceux-ci se ferment davantage et les jambes de devant s'étendent et se préparent à recevoir la masse, figures **3** et **3'**.

PLANCHE V

Cette planche donne les aspects principaux sous lesquels se présentent les oreilles des chevaux. La tête aux oreilles hardies a le front droit ; celle qui lui est opposée, les a craintives et le front arrondi ; cette dernière conformation se rencontre souvent pour la jument, surtout en Orient, et toujours chez les poulains.

Les séries des figures suivantes donnent les aplombs des membres antérieurs et postérieurs, ainsi que les variations que ceux-ci peuvent présenter par rapport aux règles acceptées, suivant que le cheval est vu de face, de croupe ou de profil.

La trace ou le dessous du pied non-ferré donne une circonférence comme limite pour celui de devant, dans laquelle s'inscrirait le pied de derrière, qui forme un angle arrondi à la pince. Nous avons indiqué ensuite la place que les tares occupent sur le jarret, aux faces internes et externes.

PLANCHE VI

Dans la planche I, le cheval est *placé*, et une seule lettre désigne toutes les parties sur lesquelles la tête de l'animal peut s'appliquer comme mesure comparative. La première figure de la planche VI représente le cheval avec les principaux muscles de la couche sur laquelle la peau se moule. AB est la longueur de la tête dont nous retrouvons la mesure applicable en $c\ d = k\ r = e\ f = n\ o = g\ h = h\ m$. La verticale $v\ d$ est celle du garrot à terre, elle donne la hauteur du cheval; $c\ c'$ en est la longueur de la pointe de l'épaule à celle de la fesse, limitée par les deux verticales $c\ y$ et $c'\ m$. La hauteur du sternum $n\ v$ égale $m\ l$; la plus grande largeur de la jambe est $i\ n$ à hauteur du sternum; $s\ t$ est la distance du sommet de la croupe à terre, $f'\ c'$ la longueur de la croupe. Le cheval que nous avons figuré est calqué sur une photographie; l'animal avait un peu plus de deux fois et demie sa tête et, comme on peut s'en assurer, sa longueur égalait sa hauteur, il répond aux conditions de l'aplomb.

Le petit cavalier A est un homme de grande taille monté sur un cheval de 1^m60; il a été photographié, parfaitement de profil, pour montrer de combien peu la botte doit se voir sous le ventre du cheval. Carle Vernet a souvent commis l'erreur de faire trop dépasser la jambe. B. donne la hauteur d'un homme de 1^m70 par rapport au cheval que nous donnons pour exemple. C et D représentent le cavalier A de face et par derrière. Il est bien entendu que nous éveillons seulement l'attention de l'observateur, en n'y prenant pas garde, on s'exposerait de croire que la monture est toujours de très petite taille.

PLANCHE VII

Nous allons faire l'analyse de quelques productions artistiques très-connues, comme application des principes émis plus haut. Nous commencerons par la gravure si populaire du

Trompette mort, d'Horace Vernet. Il est évident, d'après les lois qui régissent la locomotion et l'arrêt, que le cheval laisse à désirer ; en effet, les deux pieds qui posent sont sur l'appui latéral, trop rapprochés et ne pourraient soutenir la masse, surtout si l'animal vient à reculer, comme cela paraît devoir se produire pour ne pas marcher sur l'homme. Le cheval a dû s'avancer avec précaution, et, ce n'est que lorsqu'il s'est senti bien assujetti, qu'il a fortement courbé le cou et avancé la tête afin de se rendre compte de l'immobilité de son maître. Il était donc nécessaire de lui donner franchement l'appui diagonal gauche, pour que le corps soit disposé à avancer ou à reculer facilement. Nous indiquons cette modification dans le petit croquis, à gauche de celui de l'artiste, dont le dessin aurait été également correct, s'il avait levé la jambe gauche de son cheval, en ne touchant pas aux membres postérieurs, ce qui aurait constitué l'appui diagonal droit.

Le second croquis d'Horace Vernet est pris du tableau de la *Smalah d'Abdel-Kader* : c'est la jument qui est à l'extrême droite, un chef arabe la tire violemment par l'oreille et la bride, pendant qu'un nègre cherche à lui placer la selle sur le dos ; l'animal n'a qu'un pied qui appuie réellement à terre ; ce n'est pas le *pas*, car ses membres sont à l'allure du trot ; avec ce développement, il enlèverait facilement le cavalier qui cherche à l'entraîner. La pose est surtout fausse par la peine que prend son maître à exciter un mouvement déjà trop vif, pour représenter le pas allongé ; il faudrait, en changeant très peu de chose au dessin, faire poser la jambe gauche de devant et la droite de derrière, ainsi que le montre la rectification à côté (base diagonale gauche).

Dans le sujet de Géricault qui suit, le cheval monté est à la période d'appui du trot. L'intention a été de mettre les deux animaux au pas ; il aurait fallu, dans ce but, intervertir la pose des membres de derrière du premier, comme le montre la rectification ; il eût été alors sur l'appui diagonal gauche, de même que le second, en changeant le mouvement des membres de devant. Le cheval de giaour n'appuie que d'un côté ; ce qui rend son équilibre plus difficile, c'est d'être sur une pente et de paraître peu soumis ; pour le rendre solide, il faut lui donner la base diagonale droite et lui faire lever la jambe gauche, pendant que la droite pince fortement le terrain.

PLANCHE VIII

Dans le *Labourage Nivernais*, de Rosa Bonheur, le premier bœuf *a*, qui paraît tirer avec force, n'a pas les membres placés pour accomplir l'effort indiqué par l'inclinaison en avant de la tête et du cou ; la base diagonale gauche devrait être plus rapprochée, afin de produire l'effet. Si on veut laisser le train de derrière de l'animal comme il est dessiné, il faut le modifier comme en *b*, d'après le tableau de Léopold Robert.

A l'exposition de 1872, M. J. Bonheur nous a présenté une vache romaine en bronze, parfaitement à l'allure du pas. Un pied de devant vient de laisser sa trace au pied de derrière du même côté, celui-ci, posé à égale distance des deux supports latéraux, commence l'appui diagonal qui formera, avec le membre de devant, la base sur laquelle l'animal va progresser, dès que le pied de derrière qui tient encore au sol opérera son lever. Le bœuf *a* doit choisir entre *b* ou *c*, qui sont les seuls appuis de la locomotion ; le second bœuf du *Labourage Nivernais d* demanderait, pour être juste, d'avoir les membres placés comme celui dont nous donnons le trait en *e*, tiré d'un tableau de M. O. de Penne, représentant un attelage parfaitement exact. Le bœuf *f* est au trot pour labourer, il devrait être placé comme en *g* pour accomplir ce travail de lenteur.

Les chevaux de halage *k*, de C. Jacque, ne sont pas placés pour tirer. La base diagonale a ses appuis trop écartés ; le membre gauche de derrière devrait être en avant sous le corps, et son voisin reculé, comme chez le cheval *m*. Dans plusieurs eaux-fortes de cet artiste, nous avons constaté des animaux très-vrais.

Il y a longtemps que Meissonier a osé faire le cheval avec des mouvements calmes, auxquels l'œil n'était pas habitué.

Dès 1856, il a peint une calvacade, dont les montures *o. p. q. r* ont parfaitement les appuis naturels, ainsi qu'il l'a répété depuis dans son remarquable tableau de la *Retraite de* 1814. On ne peut donc mieux finir qu'en souhaitant que l'exemple de Meissonier soit suivi, et nous sommes heureux de nous appuyer sur un témoignage aussi autorisé.

E. DUHOUSSET.

TABLE DES MATIÈRES

PARIS — IMPRIMERIE NOUVELLE (ASSOCIATION OUVRIÈRE), 14, RUE DES JEUNEURS.

G. MASQUIN ET Cᵉ.

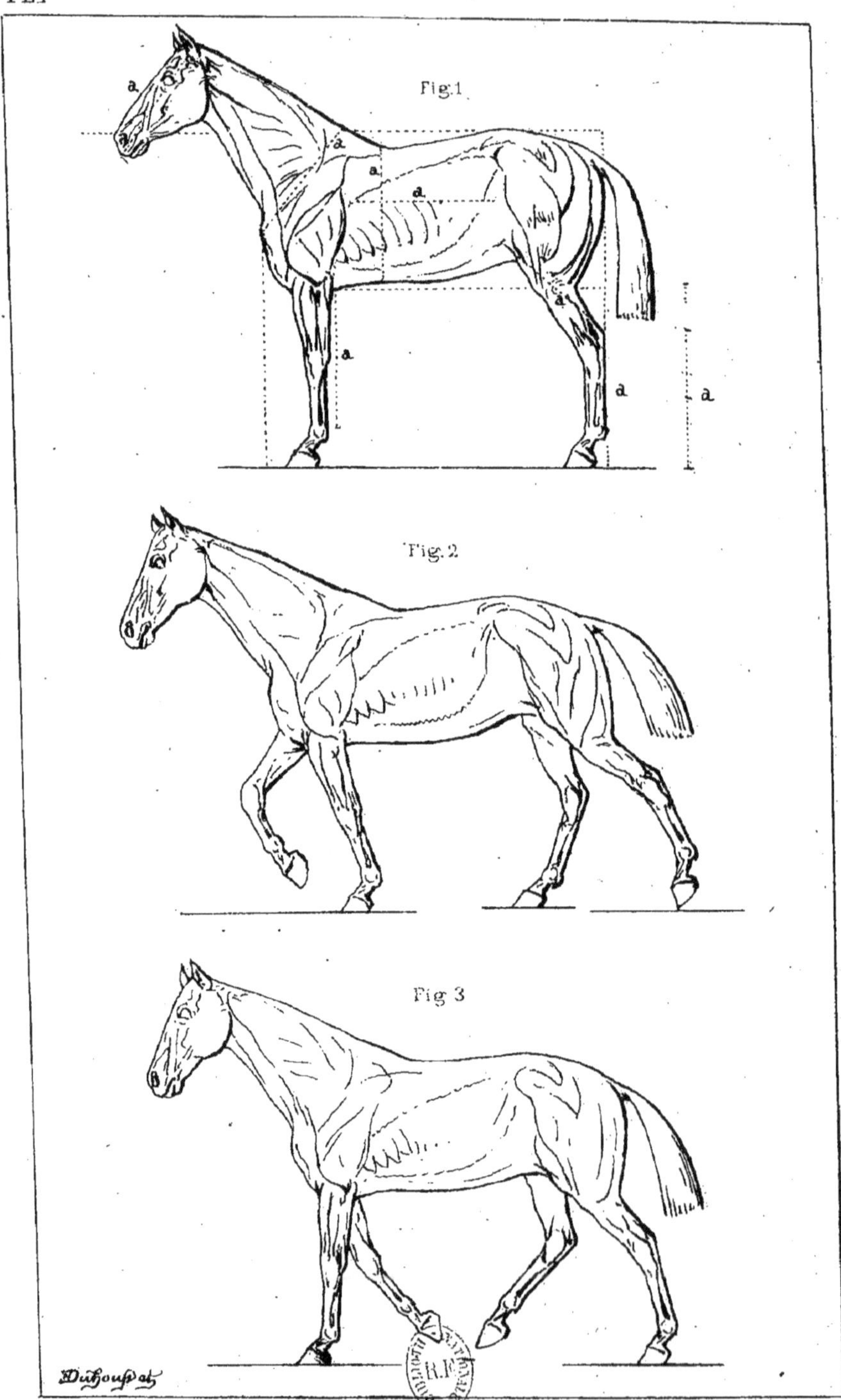

PL. I
Fig. 1
a
a
a
a
a
a
a
a
Fig. 2
Fig 3
Duhousset
Imp. Lemercier & Cie Paris.

Pas.

PL.III
Trot.
Fig.1
Fig 2
Fig.3
Grand trot
Galop.
1
2
3
Galop de Course.
Duhousset

PL.IV
le Saut.
1
1+
2
2+
3
3+
Dahoussez

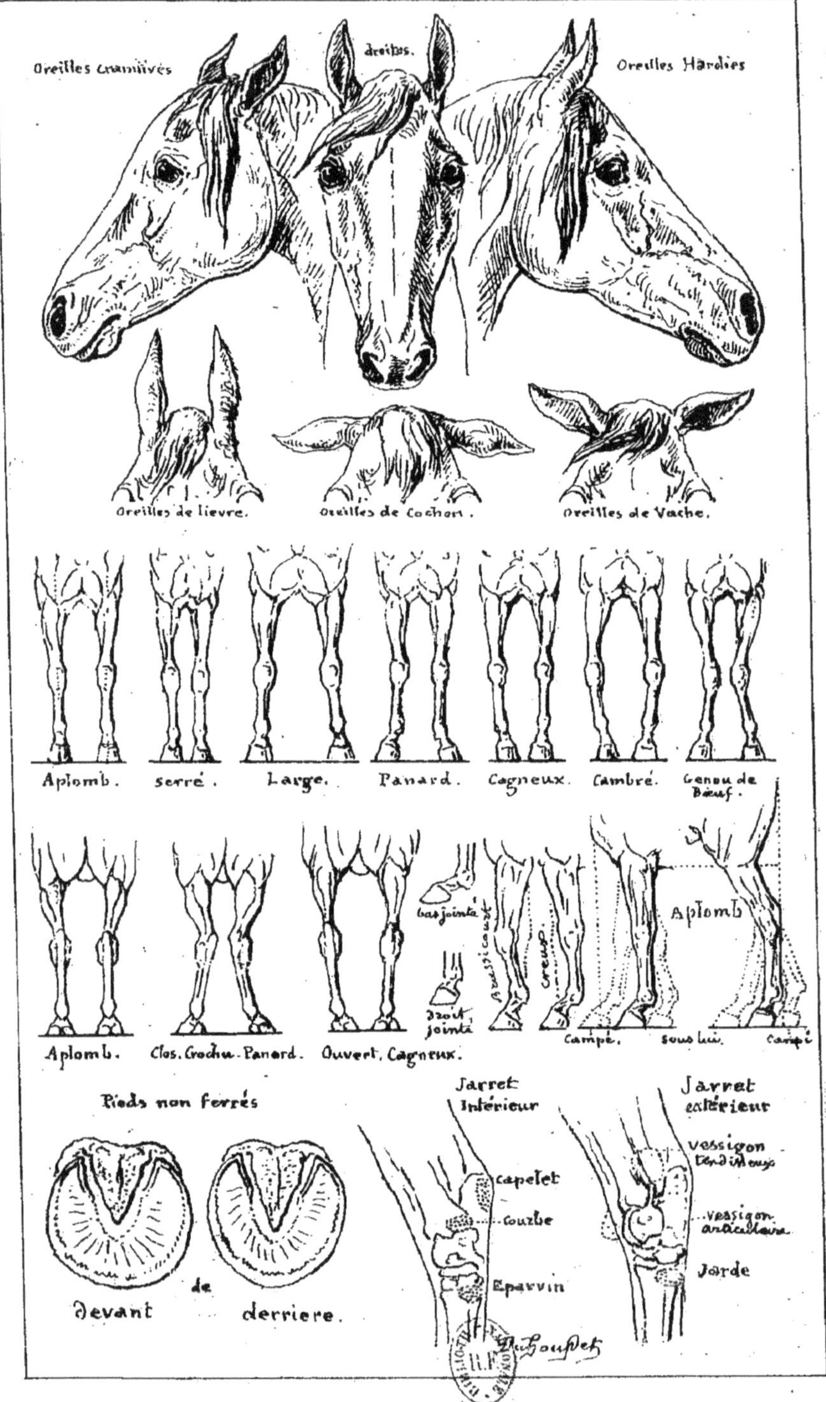

Oreilles craintives
droites.
Oreilles Hardies
Oreilles de lievre.
Oreilles de Cochon.
Oreilles de Vache.
Aplomb.
serré.
Large.
Panard.
Cagneux.
Cambré.
Genou de Bœuf.
Aplomb.
Clos. Crochu. Panard.
Ouvert. Cagneux.
bas jointé
subsicaut
creux
droit jointé
Campé.
sous lui.
Campé
Aplomb
Pieds non ferrés
devant
de
derriere.
Jarret Intérieur
Jarret extérieur
capelet
courbe
Eparvin
vessigon tendineux
vessigon articulaire
Jarde

Horace Vernet.
Géricault.
Dujardin.

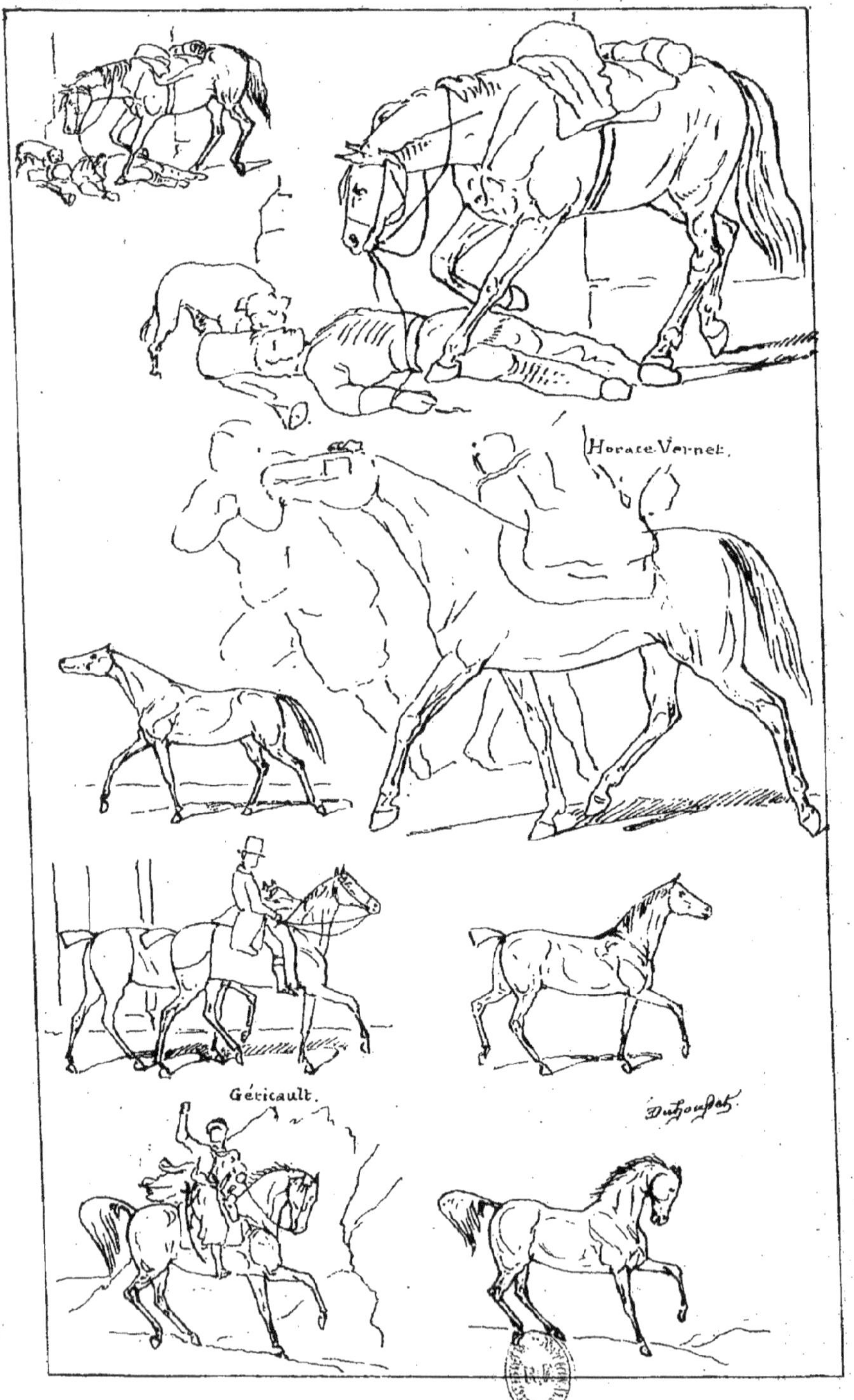

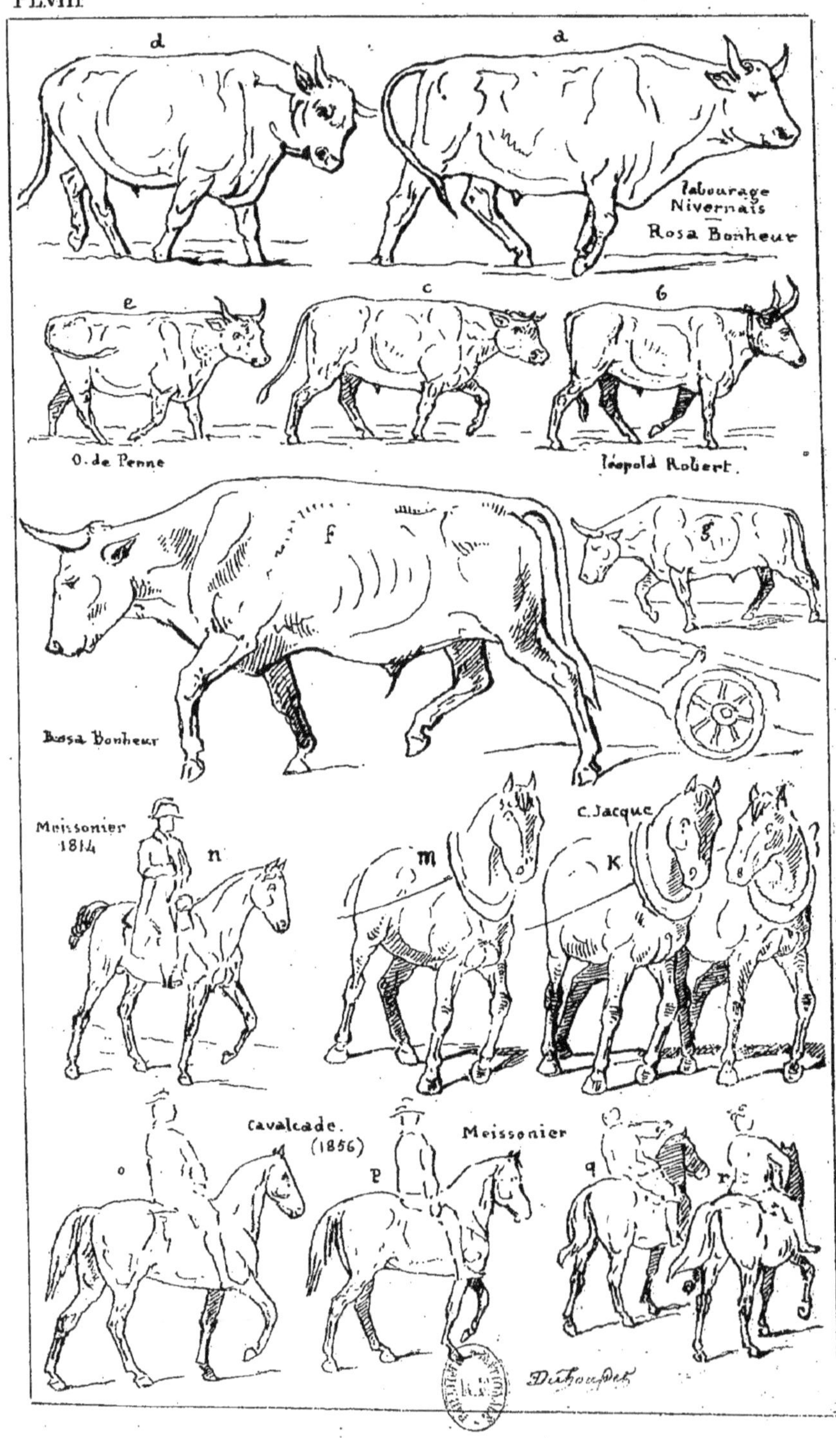
d
d
Labourage
Nivernais
Rosa Bonheur
e
c
6
O. de Penne
Léopold Robert
f
g
Rosa Bonheur
Meissonier
1814
n
m
K
C. Jacque
Cavalcade.
(1856)
Meissonier
o
p
q
r
Duhousset

9 782012 877160